ディペシュ・チャクラバルティ　早川健治 訳

人新世の人間の条件

The Human Condition in the Anthropocene

Dipesh Chakrabarty

translated by Kenji Hayakawa

晶文社

THE HUMAN CONDITION IN THE ANTHROPOCENE

Dipesh Chakrabarty

Originally delivered as a Tanner Lecture on Human Values at Yale University in 2015.

目　次

講義 1

時代意識[*1]としての気候変動

私には長らく向き合ってきた問いが一つあります。グローバリゼーション（ものごとが地球規模でどんどんつながっていく物語）[*2]と地球温暖化（グローバル・ウォーミング）という2つのテーマの織り合わせは、今の時代を生きる私たちの感覚をどう作り出しているのかという問いです。個別に見た場合、各テーマは異なる起源をもっているようにも思えるでしょう。「グローバルな時代」という概念は、人文学において育まれてきました。他方で、惑星（プラネタリーな）気候変動という現象は科学において発見されました。気候変動をめぐる科学は直近では冷戦期に根ざしており、[*3]核爆弾の存在がもたらした現実や、大気圏や宇宙空間における研究競争を発端としています。気候変動（または地球温暖化）が世論をにぎわすようになったのは1980年代後半のことでしたが、その頃は科学者が各国政府に向けて次のように述べていました。気候変動こそ人間の文明社会に対する史上最大の脅威である。それは化石燃料から得られる潤沢なエネルギーに文明社会が依存しているからこそ発生した問題だ。また、気候変動は人間の手によって引き起こされているが、悲惨なことに、富裕層の方が温室効果ガスの過剰な排出量が圧倒的に大きいにも関わらず、世界各地でより甚大な被害を受けるのは富裕層ではなく貧困層である——。

これ以降、地球温暖化や気候変動に関する議論は、もっぱら責任の問題を扱ってきました。１９９２年リオ地球サミットや１９９７年京都議定書でも、[*4] 各国や各人は気候変動に対処するにあたって「共通だが差異ある責任」を負っているという言い方が強調されました。[(1)] 今回はこの「共通だが差異ある責任」という表現についてお話しさせていただきます。責任に差異をもたせるべき理由はわかりやすいでしょう。気候変動は後に割増（バックロード）される問題であり、私たちは現在の排出からすぐに影響を受けるわけではないからです。二酸化炭素

＊1 epochal consciousness 「epoch」は歴史学的には「時代の始まり」を意味し、地質学的には「地質年代」を意味する。さらに、本書ではヤスパースの「das epochale Bewußtsein」の英訳でもあるため、ヤスパースに特有の哲学的な意味も付与されている。

＊2 a story about the growing connectivity of the world ここで言う「つながり」には、情報網や貿易・物流ネットワーク、公共機関や政府間の連携、そして様々な人脈の形成などが含まれる。

＊3 The science of climate change has its immediate roots in the Cold War period 「直近では」たしかに冷戦期にも根ざしているが、温室効果の発見は１８５９年のジョン・ティンダルの仕事にまでさかのぼる。参考文献：Naomi Oreskes, *Science on a Mission: How Military Funding Shaped What We Do and Don't Know about the Ocean* (Chicago: University of Chicago Press, 2020).

＊4 Kyoto Protocol of 1997 １９９２年国連気候変動枠組条約（ＵＮＦＣＣＣ）の実践として締結され、締約国に温室効果ガス削減の具体的な数値目標を課した初めての国際条約。締約国の間ではおおむね温室効果ガスの排出量が削減され、排出量の把握と報告のためのシステムの構築にも貢献したが、他方でアメリカが締約していなかった、発展途上国に対する排出量の制限が盛り込まれていなかった等の理由から「失敗」だったという評価もある。批准に時間がかかったが、２００５年に発効し、２０２０年に失効、以後はパリ協定に取って代わられた。責任の共通性に関しては、一方では経済開発の必要性に配慮して途上諸国に

などの温室効果ガスは、かなり長い間大気圏に留まります（気体の種類によって滞留期間はまちまちです）。ある時点での被害は、それ以前の排出を原因として起こります。過去の排出責任の大半は先進諸国にあるため、「汚染した側が賠償せよ」という原理に基づき、気候変動由来の損害の抑制と緩和、そして防止のための費用は、富裕諸国がより多く負担すべきだとされました。

「差異ある責任」という文言は、気候と地星（ちせい）*5の両過程の関係性に関する科学の物語を、世界資本主義の不均等かつ不公正な歴史、またグローバル・メディアや世界規模のつながり作りの台頭のような、グローバリゼーションに関する馴染み深い物語とつなげてくれます。すなわち、気候変動をグローバリゼーションの歴史の終着点として位置づけてくれるわけです。「差異ある責任」という言葉についてはこれくらいで十分ですが、では「共通だが差異ある」という言い方の「共通」という言葉はどう理解すれば良いでしょうか。「共通」とは空虚でレトリカルな交渉道具、すなわち富裕諸国が中国やインドのような新興大国に責任を負わせつつ保身を図るための道具にすぎなかったのでしょうか。あるいはこの言葉は、「新興大国にも責任が生じるとするならば、それは産業化を完了させて多量の温室効果ガスを排出した後での話だ」という風に、単に新興大国の責任を後回しにするためのものだったのでしょうか。しかしながら、地球温暖化の問題には独特の時間制限があり、気候変動がもたらす真に「危険な」被害を（しかも富裕層よりも貧困層を不公平に手ひどく襲う被害を）

防ぐためには、責任の問題とは無関係に、早急に地球規模で行動を起こす必要があるという認識もまた存在します。この認識は気候変動に関する政府間パネル（IPCC）が1990年以降報告書を発表するたびに強まってきました。

惑星気候変動を惑星規模の問題として処理し、これを地域レベルでの行動と区別していくためには「グローバルな政治的意志」が必要であり、それは人類が万人に共通の惑星危機を乗り越える一助となる――ここまでは学者たちも見解が一致しています。歴史学者のジョン・L・ブルック[*6]は、名作『気候変動と世界史の道筋』を次の言葉で締めくくっています。

は排出量削減の数値目標を課さないという方針を含みつつも、他方では途上諸国を含むすべての国に枠組条約の遵守の義務があるともされており、このいわゆる「ベルリン・マンデート」の曖昧さが議定書締結までの交渉における一つの争点となった。参考文献：Clare Breidenich, Daniel Magraw, Anne Rowley, & James W. Rubin, "The Kyoto Protocol to the United Nations Framework Convention on Climate Change," *American Journal of International Law*, 92:2, 1998, 315–331.

＊5　earth　本書で最も重要かつ最も翻訳が難しかった一語。苦肉の策だが、以下球体としての「globe」は「地球」、惑星としての「Earth」は「地星（ちせい）」、そして人類の唯一の住処としての「earth」は文脈によって「大地」または「地星」と訳し分けていく。詳しくは訳者あとがきを参照。

＊6　John L. Brooke　オハイオ州立大学歴史学栄誉教授。1660年から1860年までの米国政治史に加え、環境史や歴史における宗教の位置づけ等を専門とする。近年では特に気候変動の歴史学的考察や、不確実性との向き合い方についての研究を牽引している。主著 *Climate Change and the Course of Global History: A Rough Journey* (Cambridge: Cambridge University Press, 2014) は、世界史研究に地球システム科学の成果を組み込んだ先駆的な仕事として評価されている。

新たなエネルギー体制や市場体制へと移行するためには、新たな法的枠組みが必要とされている。地星システム危機が仮にも回避できるとすれば、それは事態を変える上で十分な速度で経済変革の政治が進んだ結果に他ならない。……今こそ地球規模(グローバル・ソリューション)の解決策が必要とされており、現実主義者たちは一丸となってこれに取り組んでいるが、悲観主義者たちはこれを絶望の対象としており、否定論者たちは反歴史学的・反科学的なイデオロギーに基づく敵意、あるいは既得権益や希望的観測などに突き動かされてこれを拒絶している。しかし、私たちには地星システム危機を集団的に解決する能力が備わっている。十分な情報に基づく政治的意志を行使して、今こそ解決力を発揮させていくべきだ。(2)

地球規模の対策が遅々として進まない理由はたくさんあります。インドのように汚職や環境汚染が常に最優先の懸念事項となっている国では、欧米と同じくらい活発に地球温暖化が公的に議論されることはありえません。地球温暖化(グローバル)はグローバリゼーションほどグローバルな問題ではないとすら思いたくもなるでしょう。

ブルーノ・ラトゥール[*7]はなかなか皮肉の利いたユーモアの持ち主ですが、最近もまた、私たちは皆、科学の知見を否定していない人たちも含め、相変わらずこぞって「気候変動懐疑論者」のように振舞っていると言い放っていました。(3) 気候変動に対する地球規模の対策は、多くの人々の望みをはるかに下回る程度のものに留まっていますが、本書ではその理由を説明しようとは思いません。すでにいくつか説得力のある説明が提案されているからです。例えば、気候変動は「厄介な問題」[*8]の典型であるという説明が挙げられます。厄介な問題とは、合理的な分析こそできても、実践の場に移った途端にあまりにも多くの他の問題に関わってしまい、しかもそのすべてを同時に解決する手立てがないような状況を指します。(4) しかしながら、本書のねらいはそれほど野心的ではありません。というのも、私は単に「共通だが差異ある責任」という一節の「共通」という言葉について、いくつか所感を述べたいだけだからです。手始めに、「差異ある責任」という文言に比べて「共通」という言葉はまったく意味がはっきりしないという点を考えてみましょう。ラトゥール風に言うならば、「共通」という言葉やその表現対象は「構成される」[*9]必要があるわけです。

＊7　Bruno Latour　科学の人類学的研究の先駆者として知られている。主著 *Science In Action: How to Follow Scientists and Engineers Through Society*（『科学がつくられているとき——人類学的考察』川崎勝・高田紀代志訳、産業図書、１９９９年）では、アプリオリな思弁ではなく科学の実践の場の観察に基づく経験的方法論を擁護し、科学論に新しい方向性を与えた。２０２１年京都賞を始め受賞多数。２０２２年没。

＊8　wicked problem　社会学の専門用語だが、文脈によって意味は異なる。チャクラバルティの用法の他に、例えば証拠に基づく政策立案の文脈では「証拠によって解決できない問題」という意味でも使われる。参考文献：Justin Parkhurst, *The Politics of Evidence: From Evidence-Based Policy to the Good Governance of Evidence* (London: Routledge, 2017).

本書が共通性（コモン）の構成へのささやかな貢献になれば幸いです。

グローバリゼーションの物語や「差異ある責任」という概念は、今回の構想の重要な一部ではあるものの、それだけでは不十分です。グローバルという領域には政治性がみなぎっており、常に亀裂が走るもので、そこでは科学者が気候変動の原因として人間に言及するやいなや、議論が道徳的責任や過失に関するものへと変換されてしまいます。とはいえ、惑星的（プラネタリー）な集団を構成するにあたって、グローバルという領域を避けて通るわけにはいきません。他方で、気候正義をめぐる国際政治に浸っているうちは、共通性（コモン）に関する思索も始まりません。このような政治においては、気候変動が「グローバリゼーションとそれを取り巻く不満」の問題へと、すなわち「人間同士の力関係と不公平」という馴染み深いテーマへと、必ず還元されてしまうからです。ウルリヒ・ベック[*10]の論文に対してクライブ・ハミルトン[*11]が最近述べた一言が的を射ていたので、ここに引用しておきます。「人間同士の力関係や差異だけの問題として理解しているうちは、気候変動を捉えきることはできない」[(5)]。ここでは新たな出発点が求められています。

時代意識

今回の講義では、次の観察を出発点にさせてください。グローバリゼーションの話と気候科学において語られる気候変動の物語の間には、特筆すべき相違点があります。グローバリゼーションの物語の場合は、語り口が称賛か批判かに関わらず、必ず人間が中心に据えられています。つまり、グローバリゼーションの物語は本質からして人間中心的（ホモセントリック）です。他方で、地球温暖化をめぐる科学では、より大きな歴史のカンバスの上で人間を解釈するような働きかけがあります。ここでいう「歴史」には、惑星の地質学的歴史からそこにいる生命の物語までが含まれます。また、ここでの「生命」は自然に繁殖する生命を意味します。[*12] それはビオス（bios）ではなくゾーエー（zoe）であるという風に、ジョルジョ・アガンベンやハンナ・アーレント[*13]がアリストテレス[*14]の思想をもとにして作った区別を用いても

*9 composed　遂行（performance）や構築（construction）と対比される一語。「「構成主義宣言」に向けた試み」において、ラトゥールは「構成」を批判（critique）やポストモダニズムと区別される行為として練り上げている。Bruno Latour, "An Attempt at a 'Compositionist Manifesto'," *New Literary History* 41, no. 3 (2010): 471–490.

*10 Ulrich Beck　リスク社会論の提唱者として有名であり、特にチェルノブイリ原発事故の直後に発表された主著 *Risikogesellschaft*（『危険社会――新しい近代への道』東廉・伊藤美登里訳、法政大学出版局、１９９８年）では、原発事故や環境破壊のような巨大かつ統計学的に不確実なリスクと向き合う上での問題点を整理した。

*11 Clive Hamilton　チャールズ・スタート大学公共倫理学教授、元オーストラリア政府気候変動局理事。サセックス大学開発学研究所にて博士号を取得後、進歩派シンクタンク「The Australia Institute」を立ち上げ、15年間代表理事を務めた。環境問題に加え、経済成長批判や中国論などの分野でも著作を発表している。

*12 Giorgio Agamben　イタリアの哲学者。スイス欧州高等研究所バールーフ・スピノザ教授。主著 *Homo Sacer: Il Potere Sovrano e la Nuda Vita*（『ホモ・サケル――主権権力と剥き出しの生』高桑和巳訳、以文社、２００

良いでしょう――アーレントに着想を得てアガンベンが行った解釈に対するアリストテレス専門家からの異論は、ここではひとまず脇に置きます。[6] 気候科学の文献においては、人間ではなく生命が主要な関心事となっています。この2つの視点を、本書ではそれぞれ「人間中心的（ホモセントリック）」「生命中心的（ゾエセントリック）」世界観と呼ぶことにします。今回はこの区別をうまく整理して使いこなすための枠組みを立ち上げたいと思います。次回は「差異ある責任」という表現に隣接する「共通」という言葉を考えるにあたって、かかる区別がもちうる含意について話を深めたいと思います。

そもそも人文系の歴史学者が「共通性」の構成の一助となるような思想を始めるにあたって、政治の領域における幾多の分断を否定せずに済むような道はあるのでしょうか。色々な出発点がありえると思いますが、本書では「核の冬」の感覚が広く共有されていた時代に争点となったある理念から入りたいと思います――ドイツ哲学者のカール・ヤスパース[15]が時代意識と呼んだ理念です。

ヤスパースという選択肢は恣意的ではありません。「時代意識」というカテゴリーには、本書のねらいと呼応する側面が2つあるからです。第一に、ヤスパース思想における「時代意識」は、主にドイツにおいて、人間（ヒューマニティー）[16]全体を対象として歴史哲学をするような伝統に属するものです。第二に、ヤスパースがこのカテゴリーを発明した背景には、実在する政治の領域（当時は冷戦が該当）をあらかじめ閉ざすことなく、同時に「前政治的」な視点や倫理的視座という形で思想の領域を作ろうという動機がありました。ここでいう「前政治的」とは、政治の道における様々な分断に対して否定や非難や糾弾をせずに、政治や政治的思想スタイルに先立とうとする意識の形式、いわば政治性の前に置かれる詩句[*17]を意味します。あるいは、本書の思考実験の背景には次の問いがあると言い換えても良いでしょう——危険な気候変動がもたらす不公平かつ不均等な災難と向き合いつつ、人間の行動

3年）では、中世ローマ法において法律上の権利や市民権を剥奪された犯罪者（ホモ・サケル）を軸として、法権力と剥き出しの生の相互補完関係や、法の外部にまで存在する者たちのあり方を分析した。

＊13 Hannah Arendt　ドイツの哲学者。1930年代からナチス・ドイツにて迫害を受け、1941年にアメリカへ亡命した。主著 *The Origins of Totalitarianism*（『全体主義の起原・全3巻』（大島通義・大島かおり・大久保和郎訳、みすず書房、1972-74年）では、孤立した個人からなる大衆が全体主義的な政治運動へと動員されていくまでの社会心理的なメカニズムを詳細に論じた。なお *Eichmann in Jerusalem*（『エルサレムのアイヒマン——悪の陳腐さについての報告』大久保和郎訳、みすず書房、1969年）では現地取材に基づいたアイヒマン裁判の報告を行い、アイヒマンは凡庸な官僚にすぎなかったという主張から「悪の凡庸さ」の概念を導いたが、この解釈は後の研究で経験的に反駁されている。参考文献：Elisabeth Young-Bruehl, *Hannah Arendt: For Love of the World* (New Haven: Yale University Press, 2004, 2nd Edition)（エリザベス・ヤング=ブルーエル『ハンナ・アーレント——〈世界への愛〉の物語』大島かおり・矢野久美子・粂田文・橋爪大輝訳、みすず書房、2021年）; Bettina Stangneth, *Eichmann vor Jerusalem: Das unbehelligte Leben eines Massenmörders* (Zürich: Arche, 2011)（ベッティーナ・シュタングネト『エルサレム〈以前〉のアイヒマン——大量殺戮者の平穏な生活』香月恵里訳、みすず書房、2021年）

＊14 Aristotle　古代ギリシアの哲学者。論理学や自然科学から政治学や詩学まで、あらゆる学問分野において先駆的な洞察を遺した。またアレキサンダー大王の家庭教師も務め、大王の東方遠征時には自身の哲学研究のための経験的資料の収集と作成を大王にさせたと言われている。ビオス（βίος）とゾーエー（ζωή）

の競争性や対立性に輪郭を与える（しかし規定はしない）ような形で共通の視座を練り上げる方法はあるのかという問いです。

『現代の精神的状況』（ドイツ語原著は1931年、英訳は1933年に刊行）において、ヤスパースは欧州知識人を「1世紀以上にわたって」悩ませてきた問題として「時代意識」の理念を展開しました。この問題は特に「［世界］大戦以後」から緊急性を高めました――「［人間に対する］脅威の重みを万人がはっきりと目にした」からです。「時代意識」を取り巻く文脈を、ヤスパースは次のように説明しました。「人間は単に存在するだけでなく、自己の存在を知ってもいる。人間は自覚をもって世界を探究し、自分の目的に適うように世界を作り変える。こうして人間は「自然の因果」へ介入する術を学んだ。……人間は現存するものとして知覚されうるだけでなく、存在の如何を自由に決定する力をもってもいる」。すなわち、時代意識は「近代的な」現象、「「自然の因果」へ介入する」ことを人間が学んだ後で初めて可能となった現象です。しかしながら、時代意識とは意識の形式、観念的なもの、思考の産物であり、ヤスパースいわく「人間は精神であり、人間が人間らしくある状況は精神的な状況[7]」だという点も留意しておくべきでしょう。時代意識とは、万人がひとりでに引き寄せられていくようなものではなく、ある種の思索の道を進むことで初めて足を踏み入れられるような場所です。

ヤスパースの導きにもうしばらく従ってみましょう。「超越論的」かつ普遍的な歴史という概念は（キリスト教、ユダヤ教、イスラム教などで）以前からあり、「世代から世代へと」受け継がれてきたものですが、その連鎖を「断ち切った」のは16世紀における「人間生活の意図的な脱宗教化」だったとヤスパースは論じました。それは欧州による地球の支配という道のりの初めの一歩でもありました。「それは発見の時代だった。世界の海という海、土地という土地が知識の対象となり、新たな天文学が誕生し、近代科学が始まった。大いなる技術の時代の幕開けでもあり、行政が国民国家を単位とするようになってもいた」。

の概念は主に『ニコマコス倫理学』『魂について』『政治学』『自然学小論集』に登場する。ハンナ・アーレントは『人間の条件』においてこの2つの概念を参照しつつビオス＝活動、ゾーエー＝労働という構図を提示した。

＊15　Karl Jaspers　ドイツの哲学者、精神科医。ニーチェやキルケゴールの思想を引き継ぎつつ、実存哲学を発展させた。また、１９４７年にはヒトラー率いるナチス・ドイツに対するドイツ国民一般の責任を追及する講義を行った。アーレントと親交が深く、40年以上にもわたって往復書簡を行った。参考文献：Steven E. Aschheim, "Hannah Arendt and Karl Jaspers: Friendship, Catastrophe and the Possibilities of German-Jewish Dialogue," *Culture and Catastrophe* (London: Palgrave Macmillan, 1996), 97–114.

＊16　humanity　本書の論考では生物種としての人類を意味する「human species」「humankind」「mankind」と比較的厳密に区別される一語。人文学的な意味での「人間一般」という意味に加え、人間性という含意もある。「human species = humankind = 人類」「humanity = 人間（ヒューマニティー）」「humans = 人間」と訳し分けた。また、ドイツ語のMenschの英訳としての「man」「mankind」や形容詞としての「human」は基本的に「人類」と訳した。

＊17　pre-position　前置詞を意味する「preposition」を、先行する立場という意味にするためにハイフンで区切った造語。言葉による先回りの介入というニュアンスを強調して「詩句」という訳語を選んだが、何かに先立つ立場という意味にも留意されたい。

フランス革命は、哲学者たちが各々の作品で「時代意識」の一例として表現した出来事としては、おそらく最初のものでした。それは「理性が人間社会の雑草と見なしたものをすべて容赦なく根こそぎにして焼き尽くした後、そこから合理的な原理に基づいて生活を再構築しようという強い意志が生んだ最初の革命だった」。「人間を自由にしようという決意は、自由を破壊するテロルへと豹変した」ものの、フランス革命という一事は「人間が内なる願望に従って［存在を］意図的に改造および再成型できるようになったことを意味し、これによって人間は自己の存在基盤に対して責任をとるよう迫られ、存在基盤に対する不安に」さいなまれるようになったとヤスパースは考察を続けました。様々な時代意識の持ち主として、ヤスパースはカント[*18]やヘーゲル[*19]、キルケゴール[*20]やゲーテ[*21]、トクヴィル[*22]やスタンダール[*23]、ニーバー[*24]やタレーラン[*25]、そしてマルクス[*26]に加え、特にニーチェ[*27]の名前を挙げ、この系統の末端にヴァルター・ラーテナウ[*28]の『同時代批判』（1912年）とオズヴァルト・シュペングラー[*29]の『西洋の没落』（1918年）の2冊を置き、自身の『現代の精神的状況』に通ずるような時代意識を体現する作品として位置づけています。[(8)] さらにここへ、マルティン・ハイデガー[*30]やハンナ・アーレントを含む20世紀の人物たちの名前を加えても良いでしょう。いずれにしても時代意識は、人間が世界に向けて己を集団的（コレクティブ）かつ主権的（ソブリン）な主体として投じていく能力（とされるもの）に関する問題とつながっています。

時代意識は思考の形式であると同時に、文章表現の一分野でもあります。思考の形式をしっかりと形にしていくためには、そのような意識と向き合おうとする文章表現が必要不可欠だからです。その好例として、ヤスパース自身の作品『原子爆弾と人間の未来』（1958年）が挙げられます。本書でヤスパースは、当時の支配的なモチーフを要約した歴史的言明を批判的に考察することで、同時代の輪郭を捉えようとしました。書き出しの一節は、私たちの時代に横たわる根本的な選択肢を物語に変える上でも役に立ちます。「原

＊18　Kant　18世紀プロイセン生まれの哲学者。論理学や人類学、そして天文学などの分野での研究から出発した後、デイヴィッド・ヒュームの仕事に出会い、その自然主義と懐疑論を批判的に受け継いだ大著『純粋理性批判』を1781年に刊行し、以後も古典的な作品を多数執筆した。参考文献：Manfred Kuehn, *Kant: A Biography* (Cambridge: Cambridge University Press, 2001).

＊19　Hegel　18世紀ドイツ生まれの哲学者。カントやシェリングの仕事を批判的に受け継ぎつつ、自然科学から芸術批評までの諸分野において用いられる諸概念の内在的批判を緻密に展開した。体系の構築者として紹介されることが多いが、実は著作のほとんどを断片的なメモの寄せ集めとして書いており、著作の過程と内容の間にすら弁証法的な矛盾が読み取れるだろう。参考文献：Terry Pinkard, *Hegel: A Biography* (Cambridge: Cambridge University Press, 2000).

＊20　Kierkegaard　19世紀デンマークの哲学者、神学者。著作ごとに異なる筆名を用いた。主著*Frygt og Bæven*（「おそれとおののき」『キルケゴール著作集』第5巻、桝田啓三郎・前田敬作訳、白水社、1962年）では「倫理性の目的論的保留」の概念を提示し、普遍的な規範としての善悪を保留にした先に、単独体としての個人による「より高次な行為」が存在すると説いた。元婚約者のレギーネ・オルセンとの関係をアブラハムとイサクの関係に重ねるなど、自伝的な要素を自身の思想に組み込むことでも知られている。

＊21　Goethe　18世紀ドイツ生まれの作家、自然科学者、批評家。『若きウェルテルの悩み』で国民的な作家となり、『ファウスト』『ヴィルヘルム・マイスター』等の古典を著す。科学者としては生物学や植物学、そして色彩論（色彩の知覚）等へ貢献した。人間以外の哺乳類一般におけるその存在をゲーテが論証したこ

子爆弾は未だかつてない状況を生み出した。人間が物理的に壊滅させられるのか、それとも人間の道徳的かつ政治的状態に変化が訪れるのか。本書では、２つの幻想（ファンタジー）の分岐点として私たちが直面しているこの状況をより鮮明にしてみたいと思う」[9]。ここで「原子爆弾」という言葉を「地球温暖化」に置き換えても良いでしょう――いずれの結末も幻想であるというヤスパースの指摘を留意した上での話ですが。とはいえ、新たな「人間の道徳的かつ政治的状態」を模索するためにはこうした幻想が必要だったという点もヤスパースは明らかに認めています。今回の講義ではヤスパースと私の相違点も取り上げていく予定ですが、我が道を行く前に、まずはもうしばらくヤスパースの思想を追ってみましょう。

ヤスパースは学問的に専門化され規則的で専門性の高い考え方を「部署的」[*31]思考法と呼び、時代意識と向き合うためには部署的思考法から距離を置く必要があると説きました。時代意識は歴史における一時代を丸ごと取り込もうとするため、ヤスパースが「部署的見地」と呼ぶ視点からでは理解されえません。ヤスパースはこう書いています。

> 本書では、学問分野としての哲学の視点などの「部署的見地」には依拠しない。部署を超えたところにある人間的要素を扱いたいからだ。科学には専門分野が、行政には組織立った部署が、政治には多様な専門家がそれぞれ存在する。専門知識や職業的地位、公式の肩書きなどに加え、集団や民族や国家への帰属がもつ権威に私たちは往々

にしておもねる。しかしながら、こうした区別はすべて全体の統一性を前提としている。部署がもつ意味は限定されている。各部署がもちうる妥当性の範囲も、全体による統一が決定している。全体は部署の源泉にして道しるべだ。他方で、全体は皆に共通のものであり、誰からも占有されず、万人に共有されている。(10)

とにちなんで、前上顎骨は「ゲーテの骨」とも呼ばれている。

＊22 Tocqueville　19世紀フランスの政治思想家、政治家。議会代表制を支持し、古典的自由主義の立場から民主主義思想を展開した。主著 *De La Démocratie en Amérique*（『アメリカの民主政治』井伊玄太郎訳、講談社文庫、１９７２年）では、貴族制から民主制への移行を理解するための実例として、当時のアメリカにおける議会民主制が産業化などの経済社会的条件によってもたらされる過程を考察し、宗教と政治制度の関係や民主制における女性のあり方などにも言及した。

＊23 Stendhal　18世紀フランス生まれの作家、マリ＝アンリ・ベールの筆名。写実主義的な心理描写で知られている。また、シモーヌ・ド・ボーヴォワールはスタンダール小説に登場する女性たちを「男性の派生物として描かれることがなく、独自の運命を持っている」と評している。主著に『赤と黒』（野崎歓訳、光文社古典新訳文庫、２００７年）などがある。

＊24 Niebuhr　20世紀アメリカの神学者、批評家。主著に *The Nature and Destiny of Man*（『キリスト教人間観１　人間の本性』武田清子訳、新教出版社、１９５１年）などがある。

＊25 Talleyrand　18世紀フランス生まれの政治家。ナポレオンの外務大臣を務めた。

＊26 Marx　19世紀ドイツの哲学者。上流中産階級の家庭で生まれ育った後、小説や詩の創作を経て、新聞記者になる。１８４２年にフリードリヒ・エンゲルスと出会い、１８６７年に主著『資本論』第1巻を刊行した（全6巻として構想されていたが、実際には3巻までしか執筆刊行されていない）。資本主義社会の成立条件やそこでの価値の生産と流通の過程、また金融資本のメカニズムなどを主題とする議論は、資本

論考を進めるために、ヤスパースは次のように解説を続けます。非部署的（＝非専門的）思考を理解するには、「一般の聞き手・読み手」の立場をとることが最善である。この聞き手・読み手は、グローバルな問題に関する専門家――「物理学者、生物学者、軍人、政治家、神学者」――の説明に耳を傾ける。個々の専門家が「自分の専門分野の外までは力が及ばない」ことを認めるかたわら、この「聞き手・読み手は……すべての専門家の説明を理解し、自分の理解が及ぶ限り専門家の言い分を吟味し、俯瞰的な洞察を獲得し、俯瞰的な立場から逆に専門家を評価するものだと仮定される」。ここでヤスパースは「そのような完全な人間はどこに存在するのか」と自問した後、次のように自答しています。「それは解説をする側の専門家を含む、すべての個人である」[11]。とはいえ、この「一般の読者」ないし「完全な人間」は、経験的な意味での「すべての個人」ではありません。ヤスパース自身も認めているとおり、『原子爆弾と人間の未来』の執筆当時も万人が原爆について議論を望んだわけではなく、現代においてもまた惑星気候の危機がどれほど不吉な予兆を醸し出していても、万人がこの危機に関する議論の緊急性を感じているわけではありません。原爆がもたらした危機に関するこの問題と向き合いつつ、ヤスパースはさらにこう記しています。「今この瞬間はまだ切羽詰った問題ではないという理由から、私たちは〔原爆の〕問題をあたかも自分たちとは関係がないことのように放置している。病人が己の癌を、健康な人が己の寿命を、一文無しが己の窮境をそれぞれ忘れるように、私たちもまた自分の存在の地平を隠蔽し、しばらくの間は何も考えずにぼんやり過ごそうという態度を、本当に原子爆弾に対してとるつもりなのか」。怒りっぽくて短気な部分もある問いかけですが、これのおかげで時代意識に呼応する「普通の人」が経験的個人ではないという点が浮き彫りになりました。それでもヤスパースは自分と共に「部署的思考の臨界」で「万人に関わりのある全体的な問題の存在」について考える人物を想定し、この「一般の聞き手・読み

主義批判の古典として現代に至るまで豊かな読解がされ続けている。

＊27 Nietzsche　19世紀ドイツの哲学者。早熟の文献学研究者として、24歳という若さでバーゼル大学教授に就任した。哲学的著作では西洋哲学の核にある概念（真理や道徳など）を様々な角度から批判し、身体の健康や生き方の美しさといった感覚的かつ審美的な要素の重要性を回復しようとした。想像力を感化するような文章の書き手でもあり、哲学者だけでなく詩人や作家にも広く読まれ続けている。

＊28 Walther Rathenau　19世紀ドイツ生まれの実業家、政治家、作家。ヴァイマール共和国の外務大臣を務めた。随筆からユートピア小説まで多岐にわたる著作を遺している。1922年に極右テロ組織「コンスル」のメンバーによって暗殺された。

＊29 Oswald Spengler　19世紀ドイツ生まれの歴史学者、哲学者。主著 *Der Untergang des Abendlandes: Umrisse einer Morphologie der Weltgeschichte*（『西洋の没落——世界史の形態学の素描』村松正俊訳、五月書房、2007年）では、従来の西洋の歴史研究が前提としていた線的な発展の物語を却下し、分析の単位を時代ではなく文化に設定し、欧州中心主義的な歴史観を批判した。

＊30 Martin Heidegger　19世紀ドイツ生まれの哲学者。西洋哲学（特に近代哲学）における二元論を批判しつつ、哲学的な問いが成立するための根本条件を現象学や言語、科学技術などを含め様々な角度から考えた。主著 *Beiträge zur Philosophie (Vom Ereignis)*（『ハイデッガー全集第65巻——哲学への寄与論稿（性起から〔性起について〕）』大橋良介・秋富克哉・ハルトムート・ブフナー訳、創文社、2005年）では、ロゴス的な存在（Sein）を前ロゴス的な古き存在（Seyn）と区別し、プラトン的な理性と体系が自明化する前の活力

手」から出発しつつもそこへ返っていくような思考形式を生み出そうともがきました[12]。

ヤスパースが考える時代思想にはもう一つの重要な特徴がありました。時代思想は解決策の模索ではないという、否定的（ネガティブ）な特徴です。ヤスパースいわく、こうした思想は「結論の全容を示すことなく……人類に与えられ」ます。それは「スタミナを要求」し、「未解決状態の緊張感に耐えるよう要請する」ものでもあります。哲学的な文脈では、時代思想は「学術的な［すなわち部署的・専門的・学科的な］訓練云々の問題以上のものであり、真に人間的で理性的な存在としての人間の現実に関わる[13]」ものとされます。理性を「真に人間的」とするヤスパースの立場には後で改めて異を唱えますが、まずはこの考え方を論理的な帰結まで追いましょう。時代の問題に対する具体的な解決策をヤスパースは歓迎してもいますが、時代の危機への解決策をみつけるという役割を時代意識に担わせることはできません。こうした解決策はすべて部分的・部署的なものになるからです。中でも政治家の専門分野である「政治」は重要な部署です。「純粋に政治的な思考」とは、対立する利害の勘定と調整に基づいて戦略を練る思考法ですが、「［核の冬の可能性をはじめとする］極端な事象によって変革を迫られたときの、人間の決断力」を必要とするような「極端な場所」に来ると途方に暮れます。この決断力は「政治よりも高次の何か」から来る他なく、ヤスパースいわくそれは倫理的で目標を持たないような超政治的な「何か」であり、人間の本質である（とヤスパースが考える）というだけの理由から理性的であるような何かです。

それへの信頼を失っては、「人間への信頼」を失うも同然です。[14] 時代意識とは、つまるところ倫理的なものです。グローバルな危機の渦中で思惟される世界と私たちはどう向き合うべきなのかという、私たちの行動の地平を支えるものだからです。

ヤスパースも自覚していたとおり、たしかに私たちには神のごとく「自分のために全体像を構築する」力があります（宇宙飛行士が地星を見て「これこそ神の見た光景だ」と言ったこともありました）が、他方で「歴史を振り返るにせよ、今この瞬間をみつめるにせよ、全体の真相を知る力が人間にあるなどという意見は間違って」います。「時代を把握」する際には、「方向性を決める視座」を「目の前にあるいくつかの見方」から選ぶしかないからです。全体として想定されているものの外に出ることは誰にもできません。だからこそ、ヤスパースは次のように記してもいます。「私は全体を俯瞰したいという衝動に駆られていたが、これは難破する運命にあった。全体には必ず砕け散り断片化する傾向があるからだ。そのため、部分的な一瞥や配列をつなぎ合わせて逆行するという形で、私は全体を再構築しようとした」。同時にヤスパースは、「このような対立説（アンチテーゼ）をあまりに絶対的なものとみな

あふれる思考を回復するための道を模索した。

＊31 departmental 知的活動の文脈だけを強調するならば「学部的」という訳も考えられたが、ヤスパースはより広義に「社会的に限定された範囲で」という意味でこの語を用いているため、より広い意味をもつ訳語を選択した。

すのは間違っている」とも警告しています。全体とは発見のための手段(ヒューリスティック・デバイス)にすぎないからです。それは特定のものごと(特に部署的思考)への埋没から抜け出す際に役立ちますし、方法論的な意味でも「問題の核心に迫るための努力」の一環です。[15] しかし、もし全体像が常に断片へと砕け散り、政治へと還元する危険性を常にもつのだとしたら――すなわち、あなたが考える全体像も結局のところ政治的ではないかという批判が当たりうる場合は――、それは「時代意識」というアイデアの足場の脆さを物語っているように思います。共通性の構成を進めるべき緊急事態に直面しても、このアイデアは思考実験の域を出ません。またこれは政治性に呑みこまれ、党派性を帯びるリスクをもった思想的闘争です。時代意識に到達したいと思うならば、こうしたリスクは引き受けていくしかありません。

世界から地球(グローブ)または惑星へ

次回の講義では、気候変動の危機(あるいは人新世期)が人間の条件を根本から変えるまでの経緯を話したいと思います。時代意識という考えについても、そこで改めて取り上げます。そこに至るまでには、まず以下の2つの区別を論じる必要があります。私が「人間中心的」「生命中心的」世界観と呼ぶ区別が一つ、それからラテン語の「ホモ」とギリシア語の「アントロポス」という(英語では同義の言葉の間での)人為的ではあれ実用的な区別です。この実用的な区別は、今のこの議論の役に立つものだと思います。

それでは、冷戦初期から1989年ベルリンの壁崩壊までの期間において、欧州の理論家の仕事に広く影響を与えた時代的テーマを列挙してみましょう。第一に、地星の欧州化の終焉。第二に、多文明的なポスト欧州的世界の構築の問題と、科学技術が文化的一様性を推進してしまう危険性にこの世界が対抗できるかどうかという問題。第三に、人類の住処としての惑星・地球・「全地星（ホール・アース）」の登場です。こうしたテーマの中には、グローバリゼーションをめぐる現代の議論の枠組みとして継承されたものもありますが、他方では相違点もありました。グローバリゼーション関連の文献やポストコロニアル理論は、欧州知識人（特にドイツ知識人）のこの世界史意識につきまとう恐怖心に向けて書かれていたという点を忘れてはなりません。ハイデガーやヤスパース、ガダマー[*32]やシュミット[*33]などの思想家は、欧州が帝国の庇護のもとに自ら束ねた世界を支配できなくなったとき、今度は科学技術のみが世界をつなぎとめるようになり、世界の文化は単調な一様性に染まり、人間は居

*32 Gadamer　20世紀ドイツの哲学者。主著 *Wahrheit und Methode*（『真理と方法Ⅰ・Ⅱ・Ⅲ』轡田收ほか訳、法政大学出版局、2012年-21年）では、研究対象の正しい表象や文献の正しい意味の特定という基準に基づく方法論を批判しつつ、理解という行為そのものがもつ対象への没入体験を現象学的に記述した。

*33 Schmitt　19世紀ドイツ生まれの哲学者、政治学者。性善説的な自由主義に基づく立憲主義や世界市民主義（コスモポリタニズム）の欠陥を鋭利に分析しつつ、政治性の本質は友と敵の区別にあると説いた。ナチス・ドイツを支持したことで悪名高いが、著作は右・左問わず現代に至るまで広く読まれ続けている。

場所を失ったまま放置されてしまうだろうと危惧していました。この思想家たちは欧州が世界の単なる一地域(プロヴィンス)になった時点を見極めようともしましたが、先述の危惧はその動機にもなっています。ハンス＝ゲオルグ・ガダマーの文章から私は「欧州の地域化」[*34]という表現を拝借したこともありましたが、欧州は１９１４年の時点ですでに「地域化」されていたとガダマーは１９７７年に書いています。ただ「自然科学」の領域においてのみ、欧州はひとかどの勢力として存在しえたというわけです[16]。ヤスパースもまた似たような感想を１９３１年に述べていました。「各文明社会は数千年かけて別々の道、場合によっては相反する道を進んできた。直近の4世紀半における欧州の世界征服はここ１００年で完了に至った。……そして今、この世紀の拡大はもはや終焉を迎えたという感覚を私たちは抱いている」[17]。『大地(エアデ)のノモス』において、シュミットは地政学的欧州中心主義の衰退を１９１４年よりもさらに前に置いています。シュミットいわく、16世紀に始まった欧州中心的な世界構築——すなわち欧州公法(ユース・パブリカム・ユーロピアム)[*35]——は、１８１５年のナポレオン戦争終結、１８２３年のモンロー・ドクトリン（と後に呼ばれる教義）の導入、そして20世紀初頭の日本の大国としての台頭という、19世紀の流れの中で死を迎えました。「欧州中心的ではない新世界秩序への移行は、東亜の大国の参入から始まった[18]」。

均質な「大衆的人間」像は、近代の悪夢として、ハイデガーからアドルノまで多くのド[*36]イツ思想家を悩ませました。ヤスパースの１９３１年の言葉を再び引用します。

この惑星の統一によって、最低水準への均一化のプロセスが始動したが、人々はこれを恐れおののきながら考察している。人類がすでに広く共有している特徴は、人間のあり方の可能性としては最も軽薄で、最も些末で、最も平板なものだ。それでもなお、人間はこの最低水準への均一化を実現しようと努力している。まるでそうすれば人類の統一が達成できるとでも言わんばかりだ。……［映画に映る］人々は皆同じ服装をしている。日々の社交の慣習もコスモポリタンであり、同じ踊り、同じ考え方、

＊34 provincializing Europe　このフレーズを冠した著作 *Provincializing Europe: Postcolonial Thought and Historical Difference*（Princeton: Princeton University Press, 2000）において、チャクラバルティは西洋発の歴史学の方法を非西洋・サバルタンな方向へ発展させようとした。具体的には、自身がそれまで行ってきたベンガル地方の労働史研究を基点に、マルクス主義とハイデガー主義という2つの代表的な潮流を批判的に読み直した。

＊35 Monroe Doctrine　アメリカ大陸における海外勢力の拡大はアメリカの平和と安全性への脅威として見なすとする立場。ジョン・クィンシー・アダムズが起草した後、１８２３年にジェームズ・モンロー大統領が一般教書演説において正式発表した。19世紀から20世紀にかけてアメリカ外交の重要な方針であり続け、世代ごとに異なる解釈が行われてきた。また、アメリカによるラテンアメリカへの一方的な介入と支配を正当化するための口実として利用されたとの指摘もある。参考文献：Jay Sexton, *The Monroe Doctrine: Empire and Nation in Nineteenth-Century America* (New York: Hill & Wang, 2011).

＊36 Adorno　20世紀ドイツの哲学者、音楽家。啓蒙主義を批判的に再考する「フランクフルト学派」の代表的な思想家でもある。大衆迎合的な思想や政治を斥ける一方で、ハイデガー的な専門用語の過剰使用も批判した。また音楽家としても作曲と批評を行い、特にシェーンベルグによる十二音技法やアヴァンギャルド音楽を高く評価した。

そして同じ流行語が（啓蒙主義やアングロ＝サクソン的実証主義、そして神学の伝統が培った堆肥から）世界の隅々まで行き届いている[19]。

ヤスパースは「私たちには科学技術化の道を進む他に選択肢がなかった」とも認めています[20]。とはいえ、科学技術が人々を文化的な根源（ルーツ）から引き離してしまうのではないかという懸念は相変わらずありました。「由緒ある文明や文化は根源から切り離され、科学技術と経済の世界や空虚な知性主義へと合流した[21]」。

こうした懸念事項を、ヤスパースは25年後に原爆の本を書く際にも議論に組み込みました。「私たち人間は各々の信条や信仰を基盤とした交流をしなくなってきており、各々の存在の根っこを絶つような共通のうねりの中で対面するようになってきている。科学技術とその派生物は、古来より伝統ある暮らしをまずもってすべて破滅させるような力をもっている[22]」。ハイデガーもまた、１９６６年の有名な（あるいは悪名高い）『デア・シュピーゲル』誌のインタビューで同じ主張をしています。「科学技術は人間を大地（エアデ）から引きはがし、根こそぎにする[23]」。ガダマーもまた、１９８３年に「欧州人文学の未来」について（まだ誰もベルリンの壁の崩壊を想像できなかった頃に）筆を執った際に、資本主義市場と科学技術の拡大がはたして世界の統一をもたらすのか、それともその反対の結末が待っているのかという点について思索をめぐらせました。「産業革命の継続は、欧州文化の展開の均一化と、標準化された世界文明の拡大へと至るだろうか。……それとも……バベルの塔の建造以来人間（ヒューマニティー）の本質的な特徴であり続けたような、惨事と緊張と幾重もの差異とを含む歴史が、まさにそのような歴史として存続していくだろうか」[24]。ガダマーはさらにこう付け加えています。「近代産業世界が人間に居場所の喪失という脅威を突きつけるとき」、人間は「居場所を求めて」がむしゃらになるだけであり、これによって「惨事と緊張」に満ちた嫌な道へ足を踏み入れてしまうことにもなるだろう。グローバル化した世界における「本来的な使命」は「人間の共存の領域」に潜んでいるが、それが実現されるためには各文化が各々の本来のアイデンティティを堅持する必要がある。なぜなら「力があって初めて寛容も成立する」からです[25]。

ここまで見てきたテーマ群は、ポストコロニアル批評とグローバリゼーションに関する現代の議論の知的前史を形作っています。ヤスパースの原爆の本と同時期に書かれたシュミットの『大地のノモス』にも、こうしたテーマは反映されています。シュミットはこの作品で、かつて大地につなぎとめられていたノモスの変わりゆく物語を語りました。シュミットの語りによると、欧州の拡大によってノモスは歴史上の方向性を失い始め、そのプロセスの先には球体（グローブ）としての惑星という展望が待っていました。欧州が海を渡って拡大し、欧州の人々が深海の探査と「征服」をするようになる（大規模な深海捕鯨の歴史が好例です）と、ノモスは徐々に大地のものではなくなってゆき、法学的思想という知的文脈で「べき」と

「ある」の分離、つまりノモスとピュシスの分離[*37]が起こりました。「世界の第一のノモスは、500年前に大洋が開かれたときに破壊された」[26]。航空が実現し、宇宙の時代（スペース・エイジ）が到来すると、ノモスとピュシスの分離は深まる一方となり、人間の未来は次の二択に絞られました（興味深いことに、ガダマーもシュミットもこの点では見解が一致していると言えます）――「居場所の喪失」を味わう（そもそも地球は誰の居場所でもありません）か、それとも科学技術によって統一された世界に暮らし、万人がこの惑星を自分の居場所とするかという二択です。シュミットの考えでは、大地と海の分離がもたらした破壊のせいで、海は大地と同じくらい分割可能なものに変わり、「全世界、この惑星は……着陸帯や空港、原料資源の貯蔵庫、そして宇宙空間を旅するための母艦のようなものに」なってしまいました。そこからは「大地の新たなノモス」の問題がかつてない迫力で立ち上がってきました。資本主義といわゆる社会主義との二極に世界が引き裂かれた時代で作品を書いていたシュミットは、この戦いの勝者（たち）が「世界の究極的かつ完全な統一」を成し遂げるほかに道はないという見解をもっていました[27]。

2008年に『米国歴史学会誌』に掲載された論文で、歴史学者のベンジャミン・ラジエ[*38]は、先述の歴史思想と史学史の中に特別な語義漏出を見出しました――「世界史」から「地球史（グローバル・ヒストリー）」を経て、惑星規模の問題を扱う歴史へと行く流れです（アリソン・バッシュフォード[*39]やジョイス・チャップリン[*40]の最近の著作物が好例です）[28]。もちろん、「世界」「地球」「惑星」

といった言葉はいずれも不安定なものです。世界史は1990年代までは地球史と似ていました。グローバリゼーションという現象は、「世界史」が「地球時代（グローバル・エイジ）」にそぐうようなものに変わるべきかどうかという問題（1995年にマイケル・ガイヤー[41]とチャールズ・ブライト[42]が立てた問い）や、「グローバル」という言葉が「世界」という言葉へと完全に還元できるのかといった問題（ブルース・マズリッシュ[43]が1991年の有名な論文で発した問いかけ）と向き

＊37　separation between nomos and physis　「ノモス」（νόμος）とは人工的な秩序（主に法律）を、「ピュシス」（φύσις）は自然現象を指す。この2つの項の関係性は古代ギリシア哲学において論争を巻き起こし、近代的な自然法の議論にまで受け継がれている。参考文献：Nihal Petek Boyaci Gülenç, "An Enquiry on Physis-Nomos Debate: Sophists," *Synthesis Philosophica*, 31, 2016, 39–53.

＊38　Benjamin Lazier　リード大学歴史人文学教授。近代思想史を専門とする。カルフォルニア大学バークレー校で博士号を取得後、シカゴ大学で教鞭を取り、2005年より現職。近年では「地球の出」に対する知識人の反応を研究した論文をはじめ、全地球的な思想史に注力している。

＊39　Alison Bashford　ニューサウスウェールズ大学歴史学栄誉教授。専門は世界史と科学史。18世紀から20世紀にかけての科学史と世界史を関連付け、近代史の再評価を試みている。近年では世界人口と地政学の関係性に焦点を当てた研究も行っている。

＊40　Joyce Chaplin　ハーバード大学歴史学科初期アメリカ史教授。科学、気候、植民地主義、そして環境の歴史を専門とする。多作であり、主著の多くは諸外国語へ翻訳されてもいる。邦訳に「「ありのままに模造された」ロアノーク」キム・スローン『英国人が見た新世界――帝国の画家ホワイトによる博物図集』（増井志津代訳、東洋書林、2009年）、「奴隷制の時代における天分の問題」遠藤泰生編『近代アメリカの公共圏と市民――デモクラシーの政治文化史』（橋川健竜訳、東京大学出版会、2017年）。

＊41　Michael Geyer　シカゴ大学ドイツ史・欧州史教授。専門は20世紀ドイツ史および欧州史。戦争と平和、そして市民社会の形成という主題を研究動機にしつつ、近年では人権史やドイツ以外の歴史（日本史やソ連

合う動機を歴史学者たちに与えました[29]。「惑星性」という言葉にも似たような不安定性が宿っています。グローバリゼーション関連の文献では分析家たちが「地球」と「惑星」を同義に扱っていますが、そこから気候変動関連の文献へと移るときにこの一語が不安定性を帯びるわけです。例えば、シュミットの古典的作品『大地のノモス』から抜き出した次の数行における「地球」「惑星」または「地球的」「惑星的」という言葉の使い方を見てみてください。

国際法において大地全体を新しい地球的地理概念に則して分割しようという最初の試みは、1492年の直後に始まった。それは惑星としての世界のイメージへの最初の適応例でもあった。

「地球的線的思考」という複合語は……「惑星的」のような、大地全体を指すものの、その特徴的な分断や分類にまでは言及できない表現に比べると優っている。

［1713年ユトレヒト条約の頃の］英国という島は、欧州の惑星秩序の一部であり続けた。……

本書では大地の新たなノモスを論じる。それは大地または地星を、すなわち私たちが暮らしているこの惑星を、全体として、地球として捉えるということだ。これには地球規模の分断や秩序を理解しようというねらいがある[30]。

どの行を見てもわかるように、人類史における地球性（グローバル）の生成を理解するためにシュミットが展開しようとした理論的アプローチでは、「惑星的」は「地球的」の同義語にすぎませんでした。それは私たちが暮らすこの惑星を、すなわち地星「全体（エアデ）」を表す言葉でした。多くのグローバリゼーション研究者も、後にこれとまったく同じ意味で、地星全体を表すために「惑星的」という言葉を使うようになります。言うまでもなく、これはハイデガーからスロターダイク*44まで多くの思想家が「世界写像の時代」「地球時代（グローバル・エイジ）」として予見したものの成就でもありました。(31) この視点からすると、NASAが1968年に地星を撮った

史など）にも取り組んでいる。

*42 Charles Bright　ミシガン大学歴史学教授。専門は軍事史、地政史。アメリカにおける国家構築と社会運動の歴史、刑務所の歴史、そしてデトロイトの地域史などについて著作を発表してきた。また、演劇への関心も深い。2022年現在、マイケル・ガイヤーとの共著 *The Global Condition in the Long Twentieth Century*（仮題）を執筆中。

*43 Bruce Mazlish　20世紀アメリカの歴史学者。マサチューセッツ工科大学歴史学教授。豊かな研究業績に加え、「新しい世界史」学会などの組織運動を通じて、文理学際的な歴史学の構築に尽力した。

*44 Sloterdijk　ドイツの哲学者。カールスルーエ造形大学学長。1983年発表の主著 *Kritik der zynischen Vernunft*（『シニカル理性批判』高田珠樹訳、ミネルヴァ書房、1996年）では、近代欧州においてカント的な啓蒙思想の代わりに近代的シニシズムによる「自我の空洞化」が進んできたと主張し、個々人が各々の宗教的・経済社会的信念を超えて連帯する上で役立った古代ギリシアにおけるキュニコス（κῦνικός）の概念と対比しつつ時代情勢を批判した。

図1　地球の出　月を周回する「アポロ8号」から撮影。1968年。出典：NASA

図2　ブルー・マーブル　「アポロ17号」から撮影。1972年。出典：NASA

ときの、月の地平線から昇る球体として惑星が映されたあの写真――「地球の出」と呼ばれる写真――は、地星を人間が偶然住んでいる球体として表す写像の使い道として究極のものだと言えます(図1・図2を参照)。人間が地球全体を自分たちの居場所として目に映写している図だからです。この惑星こそ「地球」であり、このとき他の惑星は視界の外へ追いやられています。

一連の写像は、見る者に向けて人間の住まいの完成と決壊を同時に象徴しています。ハイデガーは1966年の『デア・シュピーゲル』誌インタビューにおいて、この危機を巧みに表現しました。「月から地星に向かって送られてきた写真を見たとき、あなたは怖さを感じたでしょうか。私は怖くなりました。原子爆弾などなくても、人間はすでに根っこを引き抜かれていたからです。後にはただ科学技術的な関係性だけが残りました。それはもはや人間が生きる場所としての地星(エアデ)ではありません」[32]。ハンナ・アーレントは著作『人間の条件』の冒頭部で次のように問いました。「近代における解放と脱宗教化は、空の下に生きるすべてのものたちの母としての地星の運命的な否定へと至るしかないのだろうか」[33]。

冷戦期以降のグローバリゼーションの歴史と物語が生んだ時代意識は、こうして住まいの問題、大地に生きる人間の住まいの問題を軸とするようになります。それは欧州拡大の歴史と世界システムとしての資本主義の成長とがもたらした結果であり、惑星としての地星が地球と出会うべくして出会うまでの過程で起こった出来事でした。グローバリゼーシヨンの理論家たちの間では、地球と地星の融合が完了したわけです。これこそラジエが「「大地」から「地星」「惑星」そして「地球」へと至る語義漏出」と呼んだものでした。これと並行して、環境運動の文脈でも「「地球環境」という言葉に代表されるような、「環境」から「地球」へと至る」転回があり、これもまた「世界写像の地球化」と共にもたらされたとラジエは指摘しています[34]。

グローバリゼーションのこの意識には、特筆すべき特徴が3つあります。第一に、科学技術が惑星を巨大な接続ネットワークへと編み上げていく中で、この地球的（グローバル）な世界に人間が共に住まうことに関する問題がそこにあります。第二に、そこで想起される歴史は直近の500年の歴史であり、欧州拡大の歴史、資本の地球化とそれに付随する幾多の不公正の歴史、そして近代科学技術の歴史です。第三に、ここ40年間における環境問題は、人間が他の生物種を含む自然環境との関係性を考えるきっかけにはなりましたが、それでもなおこの時代意識はとても深いところで人間中心的（ホモセントリック）なものでした。語り口がどうあれ、この物語では人間こそが中心を占めていました。

惑星と地球の分岐、そして生命（ゾーエー）の場所

惑星気候変動の話はグローバリゼーションの物語をなぞって進みますが、そこから大き

く逸脱してもいます。気候変動の科学の根源は、19世紀から20世紀にかけて欧米の科学者がアマプロ問わず行った研究にさかのぼります。より現代的な起源としては冷戦が挙げられます。核爆弾の爆発によって、アメリカが海洋や大気圏を研究するようになったからです(35)。これについてはスペンサー・R・ウィアート*45とジョシュア・P・ハウ*46が詳細に富んだ仕事を最近しています(36)。科学の部分はアメリカが主導していたと言って良いでしょう。背景には宇宙空間の支配をめぐるアメリカとソビエト連邦の競争がありました。そもそも惑星気候変動は、ガダマーやシュミットを含む多くの書き手が「来たるべき脅威」として認識・議論した、人間に対する「環境危機」の歴史の頂点ですらありません(37)。人為的な「環境汚染」に関する既存の物語がもつ論理の内部から考える、あるいは資本の歴史（のようなもの）の再構築に役立つ方法論的な道具に頼るだけでは、「気候危機」を予測することはできなかったでしょう。地球温暖化の原因を突き止めるためには、他分野の科学にも議論に参加してもらう必要がありました。また気候変動という現象を理解するためには、学際的な惑星思想の形成が必須でした。そこでは地星システムの機能に関する知識（1960年代に端を発し、1980年代に発展した分野です）、地質学の知識、そしてこの惑星における生命の歴史に関する知識が、グローバリゼーションの理論家たちの関心事、すなわち生産と消費のための世界市場の歴史（日常語で言うと資本主義の歴史）の知識に加えて必要になりました(38)。天文学的な空間規模、地質学的な時間規模、そして生命の歴史における進化論的な時間規模などの「規模（スケール）の問題」を議論に組み込み、惑星の大気圏の歴史とそれが生命を存続させる力との関係の理解を目指し、惑星の歴史に対する生命中心的（ゾエセントリック）な見解を押し出したことによって、地球温暖化の関連文献はグローバリゼーションの完全に人間中心的（ホモセントリック）な物語とは一線を画したわけです。ここに潜む緊張については、ガイア理論で有名なジェームズ・ラブロック[*47]を軸に、次回の講義で検討してみます。

グローバリゼーションの物語も「危険な」気候変動に対する科学者の懸念も、人間の幸福を気にかけているという共通点をもっています。しかしながら、グローバリゼーションの理論家たちが既存の政治経済制度に人間の幸福を実現する力が備わっているかどうかを

*45　Spencer R. Weart　20世紀アメリカの科学史家。物理学者として専門訓練を受け、コロラド大学から天文物理学博士号を取得するが、1971年に科学史研究へ転向。米国物理学協会物理学史センター所長を務めた。口承史研究の一環としてチャンドラセカールを始めとする科学者へ詳細な聞き取り調査を行い、気候科学などの科学分野の歴史の研究に貢献した。

*46　Joshua P. Howe　リード大学歴史学・環境研究准教授。専門分野は気候科学と政治の歴史。特に1950年代以降の気候変動をめぐる政治史の研究に尽力してきた。2022年現在はアメリカの外交政策と重金属毒性の分布に関する研究を進めている。

*47　James Lovelock　20世紀イギリス生まれの在野の科学者。1948年にロンドン大学衛生熱帯医学大学院から医学博士号を取得後、齧歯（げっし）動物の冷凍保存実験に尽力。1960年代以降は科学機材の開発顧問としてNASAに協力し、1980年代には初めて大気中にフロン類を観測した。1960年代に火星における生命体の観測計画を進める中で練り上げた「ガイア仮説」で一般的にも広く知られるようになり、日本でも科学界のみならず大衆文化などへまで大きな影響を与えた。

議論しているのに対して、惑星気候変動の科学では惑星上のすべての生命の繁栄の条件がそのまま「通常の人間の繁栄」（チャールズ・テイラー[48]の言）の条件として提示されます。(39) つまり、どちらの文献においても「人間（ヒューマニティー）」と「人類」という2つの基本概念の間に緊張が走っているわけです。次の講義では、まさにこの緊張とその含意についてより深く考察を進めようと思います。

人間中心的な惑星認識と私が「生命中心的」と呼んだ見解の分岐が始まったのはいつ頃でしょうか。手がかりとして、1968年のクリスマスイブにアメリカの宇宙飛行士が月から見た「地球の出」への主な反応を見てましょう。このテーマについては、ロバート・プール[49]が心躍る作品を書いています。(40) 宇宙から見た地星の光景は、人間の住まいについて考えさせるものでした。宇宙飛行士のフレッド・ホイル[50]や科学小説家のアーサー・C・クラーク[51]（アーノルド・トインビー[52]の「世界統一」の思想に影響を受けた作家）をはじめとする人々が1950年代に語った希望が、当時の宇宙飛行士たちの口からも自然に語られました——人間（ヒューマニティー）はついに地星全体を自分の居場所として認識できるようになり、国粋主義をはじめとするイデオロギー闘争にもついに終止符が打たれるだろうという希望です。(41) この手の反応は人間に焦点を当てていましたが、他方では生命そのものに目を向けた反応もありました。例えば、微生物学者のルネ・デュボス[53]は「生命の輝きなくしては、この惑星も実に殺風景で陳腐で空虚なものになってしまう」と述べ、生態学者のドナルド・オースター[54]

も惑星を包む「生命の薄いフィルム」に言及しました。(42)

「人間中心的」世界観と「生命中心的」世界観の違いを見て取るためには、ジェームズ・ラブロックが『ガイアの時代』にさらっと書いている言葉が参考になるでしょう。友人のマイケル・アラビー[*55]とタッグを組んで『火星の緑化』という小説を書いたとき、ラブロックは人間が「紅の星」に住み着くための方法に想像をめぐらせました。(43) 当時アラビーは「新

＊48 Charles Taylor　20世紀カナダ生まれの哲学者。主著 *A Secular Age*（『世俗の時代』千葉眞監訳、名古屋大学出版会、2020年）では、西洋文明において神への信仰が普遍的に自明だった状態から数ある選択肢の一つとなるまでの時代の移り変わりを詳細に考察した。「普通の人間の繁栄」（ordinary human flourishing）という表現もこの作品からの引用であり、神への超越的な願望と区別される日常的な充足を指す。

＊49 Robert Poole　セントラル・ランカシャー大学歴史学教授。専門は18世紀・19世紀イギリス史。また、宇宙時代（スペース・エイジ）初期の歴史に関する研究も行ってきており、*Earthrise: How Man First Saw the Earth*（New Haven: Yale University Press, 2008）では宇宙飛行士たちが「全地球」的な画像を産出するまでの技術的・政治的過程を描きつつ、「地球の出」の文化的な影響力を詳述した。近年では証拠に基づく歴史学を一般向けに普及させる手段（グラフィックノベルなど）の研究にも力を入れている。

＊50 Fred Hoyle　20世紀イギリスの天文学者。ケンブリッジ大学天文学研究所で半生を過ごし、所長も務めた。超新星元素合成（超新星爆発による新たな元素合成）を始め独創的な概念を寄与した。また全宇宙モデルの「ビッグバン理論」の命名者でもあるが、ホイルは定常宇宙論を擁護しており、1960年代に宇宙背景放射が観測された後もビッグバン理論を受け入れなかった。2008年には英国物理学会に「フレッド・ホイル・メダル賞」が創設された。

＊51 Arthur C. Clarke　20世紀イギリスの科学小説作家。映画『2001年宇宙の旅』の脚本共著者として有名。第二次世界大戦中はレーダー技師を務め、戦後はキングス・カレッジで数学と物理学の優等学士号を取得。多数のSF小説に加え、ロケット技術や宇宙飛行に関するノンフィクション作品も手がけた。なお、人工

たな植民地拡大を実行し、新たな環境問題を抱えつつも地星上の部族的な争いからは自由な」世界を望み、「大地の形成（テラフォーミング）」という「惑星を対象に［どこかを居住可能にするための］行為を検討する際に使われる言葉」に則った展望を抱いていました。[44] ラブロックに言わせると、大地の形成は「惑星規模の科学技術による問題解決という人間中心的な響きをもち、ブルドーザーやアグリビジネスを彷彿とさせる」ものでした。それよりもラブロックは「居場所を作る」という環境詩学的（エコポエティック）な表現を好みました。人間ではなく生命を出発点として想像力を広げていくようなプロセスがそこにあったからです。火星は生命が生き延びるには乾燥しすぎているという点を認めつつも、ラブロックは「火星を生命の居場所としてふさわしい場所にするためには、まずもって細菌が生きられるような惑星に変える必要がある」とも書いています。[45] より大局的な生命観と惑星の力学の中に人間を位置づけるこの見解こそ、まさに私が本書で「生命中心的」と呼んでいるものに他なりません。

この2つの世界観は、例えばアメリカ現代詩人で議会図書館長のアーチボルト・マクリーシュ*56が1968年12月25日に「地球の出」の写真を見て直ちに書き付けた文章の中にも共存しています。「地星に相乗るものたち、永久（とわ）の寒さを相持つ兄弟たち」と題された散文詩ですが、これは人間の居場所に関する人間中心的な見方と生命中心的な見方との間での緊張をはらんだ作品でした。

1．人間中心的　「小さくて青く、永遠の静寂の中に美しく漂う地球、その本来の姿を見ること、それは私たちが自分たちのことを地星に相乗るものたちとして、永久の寒さの中にあるあのまばゆい温もりを相持つ兄弟として――自分たちは本当に兄弟なのだということをついに知るに至った兄弟として――見ること」。

衛星を静止軌道に投入することで長距離情報通信を最適化できるという構想を１９４５年に発表したことから、静止軌道は「クラーク軌道」と呼ばれることもある。

＊52　Arnold Toynbee　19世紀イギリス生まれの歴史学者、歴史思想家。ロンドン・スクール・オブ・エコノミクス、キングス・カレッジなどで国際歴史学の研究を行った。１９２４年から１９５４年までは王立国際問題研究所の研究所長を務め、『国際問題概観』を34巻執筆した。主著 *A Study of History*（『世界の名著 歴史の研究』長谷川松治訳、中央公論社、１９６７年）では世界各地・各時代における27個～29個の文明の盛衰を詳述したが、近年の歴史研究では事実的証拠に乏しいという評価が一般的となっている。参考文献：William H. McNeill, *Arnold J. Toynbee: A Life* (Oxford: Oxford University Press, 1990).

＊53　René Dubos　20世紀フランスの微生物学者、環境学者。ロックフェラー医学研究センターで半生を過ごし、微生物病の原因や治療法に関する実証研究に尽力した。また「think globally, act locally」（グローバルに考え、ローカルに行動せよ）という格言の提唱者としても知られている。

＊54　Donald Worster　20世紀アメリカ生まれの歴史学者。カンザス大学米国史栄誉教授、中国人民大学歴史学研究所外交専門家・上席教授。専門は環境史、比較歴史学。主にアメリカにおける地域環境と地方史の関係性を入念に考察し、国際的に高く評価されている。近年では天然資源の利用可能性や不足が米国史に与えた影響について研究を進めている。

＊55　Michael Allaby　20世紀イギリス生まれの作家。警察士官学校生、イギリス王立空軍パイロット、俳優などを経て、１９６４年に土壌協会（Soil Association）の編集者になる。１９７３年に専業作家となり、以後

2．生命中心的　「人間はあらゆる意味で初めて……［惑星を］俯瞰的に球形で美しく小さいものとして、ダンテすらも……夢想だにしなかったような形で、20世紀の不条理と不安の哲学者たちすらも予測できなかったような仕方で、目の当たりにした。惑星を見た者たちは皆そろってある問いを心の中に浮かべた。「生き物はいるのか」という問いを交わし、笑い合い、——笑うのをやめた。宇宙空間に10万マイルよりも遠くから、「月までの距離の半分」と言われるほど遠くから人々の心に立ちあらわれたのは、この孤独に漂う小さな惑星に生きる生命、空っぽで巨大な夜に浮かぶこのちっぽけな筏（いかだ）に生きる生命だった。「生き物はいるのか」[46]。

惑星の居住可能性は大切な問題であり、次回の講義で改めて取り上げていく予定です。

アントロポスとホモ——実用的な区別の導入

気候変動に関する社会経済分野の文献では、「人間」という言葉や概念をめぐって熾烈な論争が繰り広げられています。これは人文系の学者ならば誰しも関心をもつ問題でしょう。例えば、「人為的（アントロポジェニック）気候変動」「人新世（アントロポセン）」という表現に含まれる「アントロポス」という言葉や、何かを「人間が引き起こした気候変動」と呼ぶときの「人間」という言葉の使用に対しては、不当ではない反発の声があがるものです——化石燃料に依存しているのは一部の人間であり、地球上の富裕層、世界各地の消費者階級、そして化石燃料の生産者と販売者やその手先を含む利益団体にすぎないのに、なぜすべての人間に責任を負わせようとするのかという反発です。中国やインドをはじめとする国々の学者は、先ほどのアントロポスという言葉の使用は、地球温暖化の危機が「贅沢のための［温室効果ガス］排出」をしている人たちのせいであるにも関わらず、そうした犯罪行為を貧困層による「生存のための排出」と一緒くたにしてしまっているとして、抗議を続けてきました(47)。

「人為的気候変動」に含まれる「アントロポス」は、とても緻密な方向性をもつ表現です。地球では過去にも劇的な惑星気候変動が起こりました。今回の気候変動を「人為的」と呼ぶとき、それは人間以外の地球物理的・地質的な営力（地殻運動や火山噴火、隕石の衝突等々）によって引き起こされた気候変動と区別されます。こうして、現在の惑星温暖化は過去の

は自然環境を題材にした作品を多数執筆した。また国連の食糧農業機関や世界気象機関の報告書の執筆にも携わっている。

＊56　Archibald MacLeish　20世紀アメリカの詩人。第一次世界大戦中には救急車の運転手や砲兵として兵役に服した。1919年に法科大学院を卒業後、弁護士、議会図書館長などを歴任した。詩作ではモダニズムに分類されるとはいえ、幅広い文体や題材を扱いつつ一般に広く読まれる作品を多数執筆している。進歩派政治と詩の融合を目指しつつも、ハイモダニズムのような新種のエリート主義に陥らないような創作を模索した。参考文献：John Timberman Newcomb, "Archibald MacLeish and the Poetics of Public Speech: A Critique of High Modernism," *The Journal of the Midwest Modern Language Association*, 23:1, 1990, 9–26.

類似の現象に連なるものとして位置づけられ、「人為的」という限定詞はちょうどソシュール的な記号の列における音素の差異に相当する機能を帯びてきます――前後の要素との差異化という機能です。そこには人間の独自性を示すような内向的な響きはありません。また、「アントロポス」には責任追及も伴わないので、道徳的な含意もありません。惑星全体の気候を変動させる上で必要となる地球物理的な営力が――これは地球史上初めてのことですが――、今回はたまたま人間の行動によって供給されたという点を指摘しているにすぎないわけです。

似たような指摘は、地質学者が新たな地質年代の名前として「人新世」という言葉を定義し正当化するときに用いられる「アントロポス」に対しても成り立つでしょう。通説では完新世は1万1700年前に始まったということになっていますが、この完新世と区別される新たな地質年代が人新世です。[48] 一部の学者、特に左派の学者は、イデオロギー的な意味を含んでいるとして「人新世」という言葉を攻撃しました。そもそも温室効果ガスの排出や諸々の科学技術が惑星の気候を揺るがすようになったのは資本主義的生産様式のせいなのだから、「資本新世」という言葉を選ぶべきだろうというわけです。[49] しかしながら、地質年代の名前はその年代をもたらした要因にまで言及する必要はないという議論も成り立つでしょう。完新世という名前には「最近のこと」という意味がありますが、温暖な間氷期がなぜこの時点から始まったのかということについては一切言及がありません。同じように「人新世」をめぐる議論において重要視されているのも、ホモ・サピエンスという生物種の活動がこの惑星を大きく変えたことを示す一貫した惑星規模の共時的な印が数百万年後の地星の地層から発見されうるだろうかという問題、そしてこれを現代の地質学者たちが科学的に論証できるかどうかという問題です(50)。人新世という名前には、道徳的責任の追及は含まれていません。

他方で、気候変動を単なる物理現象としてだけではなく危険なものとして定義した途端、「危険な気候変動」というような表現が生まれ、議論は価値観の領域にまで広がり、意見の相違や政治が絡んでくるようになります。一例として、2名の気候科学者による近著2冊に見られる2つの異なるレトリックに目を向けてみましょう。レイモンド・T・ピエールハンバート*57とデイビッド・アーチャー*58はいずれもシカゴ大学の学者であり、人為的地球

*57　Raymond T. Pierrehumbert　オックスフォード大学物理学教授、IPCC評価報告書筆頭著者。地球のみならず系外惑星も含め、惑星レベルでの気候の変化の数理的モデリングを専門とする。また水蒸気と気候の関係についても功績を残している。2019年には『気候危機対策にプランBは無い』と題された論文を発表し、気候行動の緊急性を強調すると共に技術楽観主義を厳しく批判した。参考文献：Raymond Pierrehumbert, "There Is No Plan B for Dealing with the Climate Crisis," *Bulletin of the Atomic Scientists*, 75:5, 2019, 215–221.

*58　David Archer　シカゴ大学地球物理学教授。計算海洋化学の専門家として、海洋と海底の炭素サイクルや地質学的な時間規模における化石燃料由来のCO_2の影響などを研究してきた。また、理系学生以外の読者を対象とした地球温暖化の教科書も執筆している。

温暖化の危機を考える上での規模の問題に取り組んでいます。ピエールハンバートは大学の学部上級生や院生向けの教科書を書き、そこで現代の問題が将来世代の人間やその他の知的生物種の目にどう映るかという点を考えています。そこでは規模そのものが学問的な想像力の引き金として用いられ、著者は冷静沈着かつ地に足着いた論調をとっており、読者に行動を促すような響きは一切ありません。

今から1000万年後の古気候学者たちは、人間以外の生物種かもしれないが、現代における化石燃料由来の炭素排出という惨事を振り返ったとき、ちょうど今の古気候学者が「暁新世始新世境界温暖極大期」（PETM、5500万年前）や「白亜紀古第三紀境界事件」（K‐T境界事件、6600万年前）と呼ぶような形で、今回のこの不思議な事件にも名前がつけられるだろう。化石炭素排出事件は炭素サイクルの^{13}Cプロキシとして現れ、……それは急速な温暖化による大量絶滅や、山岳氷河や陸塊氷床の退行が残す堆石記録をとおして得られる。この事件は、この惑星の居住可能性を恒久的に破壊するようなものではおそらくない。[51]

この一節を、今度はデイビッド・アーチャーの『長い雪解け』の書き出しの部分と比べてみましょう。アーチャーは本作を、一般読者に気候変動対策の緊急性を伝えるために書きました。「有限な存在にすぎない」私たちがなぜ「10万年後の気候を変えることを気にかける」べきなのかという問題に向き合いつつ、アーチャーは読者に向けて次のように問いかけます。「もし古代ギリシアの人々が……潤沢なビジネスの機会に出会い、より頻繁に嵐が起こったり、あるいは海面上昇によって農業生産量が10%失われたりするといった潜在的コストを自覚しつつもなおあえてその機会に便乗していたとしたら――そしてそれが現代に至るまで影響を与え続けてきたとしたら――私たちはそれをどう感じるだろうか[52]」。

主体性や責任について、アーチャーはピエールハンバートよりも明らかに踏み込んだ発言をしています。アーチャーの道徳的でレトリカルな問いかけは、気候変動をめぐる政治に関するある重要な問題を浮き彫りにしています。地球温暖化に対して人間に行動を促す場合、異なる規模で進む出来事の連鎖を肌感覚で捉えられるようにするという難題が必然的に生じます。そこには人間的な規模もあれば、非人間的な規模もあるでしょう。世代間倫理の問題は、こうした分断をまたぎつつ、同時にそれを例示してもいます。もし私たちによる温室効果ガスの排出が、アーチャーが言うようにこの先10万年にわたって惑星の気候を変えていくのだとした場合、そもそも私たちは何世代先までを本気で気にかけるべき（あるいはそもそも気にかけられる）でしょうか[53]。何かを気にかける能力は、長い時間をかけて進化した力ですが、際限なく使えるような力ではないかもしれません。そもそもアーチャーは「人為的気候変動」に含まれる「アントロポス」を扱っているわけではなく、人間（ヒューマニティー）の中でも古代ギリシア人が文明の頂点を成すような集団、すなわち文化的にも民族的にも非常に限定された派生集団を論じています。

人間の問題としての気候変動は、人間の価値観や倫理観、苦しみやこだわりを論じた上で初めて定義できるものですし、こうしたテーマについて自然科学が言えることは限られています。「危険な気候変動」という考えも、科学的な概念ではありません。「惑星気候変動」の理解と定義には科学的知識が必要です。対して、「危険」という一語は科学的ではありません。ジュリア・アデニー・トーマス[*59]が指摘したように、「歴史学者は人新世と折り合いをつけるにあたって、「危機に瀕した人間」の定義を科学者に任せることができない」。トーマスいわく、「「危険性」は単なる科学的事実ではありえず」、むしろ「規模と価値の問題」です[54]。因果関係ではなく道徳的責任の問題として気候危機を考えることで、正義の問題や政治の問題へと話が進みます。温室効果ガスの排出に伴う道徳的責任は誰が負うべきなのか。緩和と適応のコストは誰が負担すべきなのか。「汚染した側が賠償せよ」という原理はどこまで有効なのか。こうして、地球温暖化からは人間集団の内部における正義の問題が出てきます。そこでは(例えば人新世(アントロポセン)の場合の)「アントロポス」とは異なる人間像(ヒューマニティー)が芽吹いてもいます。政治的人間像(ヒューマニティー)には、やや矛盾した2つの特徴が含まれています。まず、これは目的に従って未来へと己を投影できるような存在です――万人が賛成するような目的では必ずしもないかもしれませんが。同時にここでの人間(ヒューマニティー)は様々な問題によってあらかじめ分断された存在でもあり、そこからはさらに正義の問題が生じてきます。つまり、ひとまとまりで動く存在ではありえないわけです。政治的主体としての統一性は、常に「来たるべき」ものでしかありません。

このような意味での「人間（ヒューマニティー）」のカテゴリーは、世界が徐々に世界化（モンディアリゼーション）し、地球や惑星へと重ね合わせられるまでの過程で作り出されたものだと言っても良いでしょう。それは近代の産物であり、この惑星を「自分たちの居場所」として宇宙から私たちの目に焼きつけた、あのテクノ経済的なネットワークから生じました。一なるものでありながら同時に分断されてもいるこの人間（ヒューマニティー）像にはラテン語の「ホモ」という名前をつけ、科学ものであるギリシア語の「アントロポス」と区別をつけましょう。人為的気候変動の文脈でこのホモという言葉を先述のアントロポスという語に組み込むことで、気候変動は資本主義的グローバリゼーションの延長線上に置かれ、人間同士の様々な不公正の悪化を軸として語られるようになります[55]。しかしながら、惑星気候変動や人新世の背景には、人間や生命以外のベクトルが異なる規模で作用してもいます。そこには地質学的な規模で作用するものもあれば、人間の世代の一つや二つくらいの規模で影響を及ぼしているものもあります。10万年や１００万年単位で作用するものを政策や政治の場へ持ち込むのは無理です。それ

＊59　Julia Adeney Thomas　ノートルダム大学歴史学准教授。日本の思想史や20世紀政治史の研究に加え、近年では人新世の概念が人文学（特に歴史学）においてもつ含意の研究業績を残してもいる。

でもなお、危険な気候変動を食い止めるために「私たち」は行動を起こすべきだと言った途端に、損害やコストや責任の問題が発生し、「人為的」「人新世」という表現における「アントロポス」という言葉に先ほど私が「ホモ」と呼んだ考えが流し込まれます。気候正義の政治においては、アントロポスがあった場所へホモが生じてくるという言い方もできるでしょう。[56]

講義 2

人間が中心ではなくなるとき、あるいはガイアの残り

前回の講義では、ホモとアントロポスという実用的だが人為的でもある区別をつけ、気候変動を議論する際に立ち上がってくる2つの人間像を捉えようとしました。今回はこの差異を分かつ断層線について、さらに思索を進めたいと思います。

気候正義と人間中心主義（ホモセントリズム）

資本やグローバリゼーションの歴史の終着点[*1]として気候変動を考えるとき、地球温暖化は人間社会の内部における正義の問題へと完全に織り込めるものとして表れます。人為的気候変動は人間以外の生命や無機物の世界にまで影響を与えるものだという点を認めたとしても、それは変わりません。ここでは人間中心的な視点が優先され、生命中心的な視点は脇に置かれています。例えば、大気圏正義に関する本でスティーブ・バンダーハイデン[*2]が「気候変動の政治理論」の可能性について論じる箇所を見てみましょう。総じて面白い議論ですが、そこでは次のような一節が登場します。前回の講義を考慮すれば明らかですが、ここでは気候危機について生命中心的な立場から話が始まっています。

炭素は地星という惑星における生命の基礎をなす構成要素であり、二酸化炭素（CO_2）は生物を含む自然な炭素吸収源の間を炭素が行き来する際の主要な手段でもある。「炭素サイクル」と呼ばれるこの交換において、人間やその他の動物たちは呼吸によって酸素を吸い込んでCO_2を吐き出し、植物たちはCO_2を吸収・貯蔵して酸素を排出する。こうして地球上の生命の均衡が保たれる［傍点引用者］。[1]

温室効果ガスと「自然な温室効果」がないと、この惑星は生命（特に人間）が住めないほど寒くなってしまうという点をバンダーハイデンは認めています。「最後の氷河期以来の気温変化をそれほど超えない程度の範囲であれば、あるいはこの惑星に住める生命も存在するかもしれない。いずれにしても、1万年にも及ぶ温室効果ガスの安定がもたらした気候均衡は地球上のすべての生命［傍点引用者］の発展を支えており、この均衡が少しでも崩れてしまうと、かかる生態系にも劇的な不均衡が生じてしまう[2]」。

気候危機が「地球上のすべての生命」の「均衡」を——「均衡」が何を意味するのかは

＊1　climactic point　気候（climate）と終着（climactic）の語呂合わせにもなっている。

＊2　Steve Vanderheiden　コロラド大学政治学教授。規範政治論と環境政治を専門とする。ルソーの思想の研究や民主主義論などの理論的な仕事に加え、世界規模の環境ガバナンスの枠組みに関する研究も進めている。

別として――揺るがすということ、そしてまさにこの理由から気候危機は少なくとも数千年単位で考えるべきものだということをしっかりと認めつつも、バンダーハイデンは正義と不公正の問題を考えるにあたって人間の生命だけを問題にし、時間についても人間に馴染みがある小さな規模しか問題にしていません。「人為的気候変動は、この惑星のヒト以外の生物種［傍点引用者］にもかなりの被害を、場合によっては甚大な被害をもたらすことが予想されている」と言いつつ、バンダーハイデンは気候正義の課題を考えるにあたっては気候変動に関する政府間パネル（IPCC）に従い、「この惑星における人間の生息環境や集団」だけに焦点を当てています。[*3] その根拠として、バンダーハイデンはそれなりに筋の通った実用的な理由を挙げています――「動物たちや将来世代」の代表を含む気候政治体制（レジーム）を構成する方法はまだみつかっていないからです。動物以外の生命体や無機物の世界に関しては、課題もより大きくなります。バンダーハイデンはここで政治理論家のテレンス・ボール[*4]の仕事を参照しつつ、次のように論じています。もし仮に人間以外の集団を代表する方法がみつかり、「民主主義制度の中で代表者が各々の集団の利益を少なくとも部分的には表明できるようになったとしても、……それは立法の文脈では必然的に少数派でありつづけるだろう」[(3)]。すなわち、一方では「地球の大気圏は有限な資源」であり、人間だけでなく「この惑星における生命の存続にとって欠かせない」ものであると同時に「人間の幸福を後押し」してもいるという点が認められています。これは科学から得られる教訓です。他方ではしかし、気候変動に伴う不公平という正義にまつわる課題となると、それまでは「この惑星に住むすべてのものたちによって共有されるべき」ものとして理解されていた「ひとつの大気圏」の吸収力も、途端に人間だけに（すなわち「世界各地の国民や市民」に）分配されるようになり、人間以外の生命体の正統な分け前は議論されないという有様なのです。[4] ここまで来てしまうと、人間以外の生命の存在を完全に無視し、地球温暖化を人間の正義の問題へと還元し、人間の正義の問題への対応が十分に行われるまではそもそも地球温暖化も解決できないという見解すらも出てくるでしょう。例えば、以下の引用節を考えてみてください。そこでは「公正性や責任をめぐる懸念材料を……軽んじてはならない」という道徳的な指導が「人為的気候変動は……を目指さない限り、十分な対処もできない」という条件付きの言明へと移り、ついには世界正義と気候変動を同一のものとして扱うような物言いがなされます。

＊3　focusing exclusively on "the planet's human habitats and populations." ２０１３年から２０１４年に発表されたＩＰＣＣ第５次評価報告書の立場を参照した一節。２０２１年から２０２２年にかけて発表された第６次評価報告書（特に第２作業部会報告書）では、人間以外の生物多様性や生態系にもより踏み込んだ議論がなされている。参考文献：IPCC, "Sixth Assessment Report," https://www.ipcc.ch/assessment-report/ar6/

＊4　Terence Ball　アリゾナ州立大学政治学・グローバルスタディーズ名誉教授。専門は政治哲学史、民主主義論、環境政治論。ミルやルソーなどの西洋古典の読解を基点に、権力の概念や実態を分析しつつ、主にアメリカにおける政治思想や民主主義のあり方を考察している。

公正性や責任をめぐる懸念材料を、悲惨な気候変動の回避という優先目標に比べ二次的なものとして軽んじてはならない。なぜなら……人為的気候変動は正義の問題でもあり、国際規模の対策が「貧困諸国の「開発の権利」を含む」正義の推進を目指さない限り、十分な対処もできないからだ。……世界正義と気候変動は……同じ問題群の2通りの表出である。(5)

ラブロック、ガイア、生命（ゾーエー）

バンダーハイデンの人間中心的な見解に真っ向から対立する視点を（すなわち生命中心的な視点を）詳しく紹介するために、まずはジェームズ・ラブロックの『ガイアの消えゆく表面』を引用したいと思います。「気候予報」と題された章において、ラブロックは「ヒトの幸福を最優先すべきという制限を解除した上で、「生きる惑星としての」地星の健康を考える」必要性を説いています。「そうすれば、地星の健康を優先できるようになる。そもそも私たちが存続するためには、健康な惑星が不可欠だ」というわけです。(6) ラブロックが「健康な」惑星という言葉で云わんとしていることは、もはや周知のとおりです。それはガイアが統率をとっている状態、すなわち生命が自己統御型システムとして機能し、生命維持を促すような惑星環境を保っている状態を指します。「ガイア仮説」の文脈では、次のように言い換えることもできます。「地星の大気圏の構成要素は、生命の存在のおかげで動的平衡状態に保たれている。また、もし生物に大気圏の構成要素を左右する力があるならば、地星の気候を制御して生命が住めるようにする力も持っている可能性がある」(7)。もちろん、ラブロックのガイア理論には多くの批判が向けられてもきました。有名なところでは、リチャード・ドーキンス[*5]による批判が挙げられます(8)。また、ラブロック自身も認めているように、「惑星規模の現象」として想定されている「生命」は、ほぼ定義不可能な形而上学的概念です(9)。サウザンプトン大学地球システム科学教授のトビー・ティレル[*6]は、ガイア理論の本格的な反駁をねらいとする著作を最近出版しましたが、同時にラブロックの洞察の多くを（たとえ理論全体にまでは至らなくても）現代の通常科学の一部として認めてもいます(10)。

本書では、ガイアをめぐる科学的議論の詳細をおさらいする必要はありませんし、ある

＊5　Richard Dawkins　オックスフォード大学ニューカレッジ名誉フェロー。進化生物学者として、また無神論者として、専門研究に加え一般向けの書籍や記事を精力的に執筆し、テレビ番組などにも多数出演している。主著 *The Selfish Gene*（『利己的な遺伝子 40周年記念版』日髙敏隆・岸由二・羽田節子・垂水雄二訳、紀伊國屋書店、２０１８年）では、エドワード・O・ウィルソンらが提唱した遺伝子中心的な自然淘汰論を一般向けに解説し、また観念や行動を進化の単位として考えるために「ミーム」（meme）という言葉を発明した。

＊6　Toby Tyrrell　サウザンプトン大学国立海洋学センター地球システム科学教授。生物地球化学サイクルを専門としており、地球に生命体が30億年以上も生息できた理由や、太古の過去における極端現象が海洋化学をどう変化させたか等のテーマを研究している。

特定の立場をとる必要もありません。[11] 火星と地星における生命の存在をめぐるラブロックの比較研究は、豊かな問いかけをいくつも生みました。ここではそのことを確認しておけば十分でしょう。地星という惑星に生物が数十億年も住み、多細胞生物が数億年も住むことができたのはなぜなのか。大気圏の酸素濃度が21％という一定の値をこんなにも長い間保つことができたのはなぜなのか。これよりも酸素濃度が高まれば生物は燃え尽きてしまいますし、低まれば窒息死してしまいます。[12] 地質学者のヤン・ザラシェヴィッチ[*7]とマーク・ウィリアムズ[*8]が地星を「ゴルディロックス惑星」と呼んだのもこれが理由です。火星には「惑星規模の大きな砂塵嵐を含む」天候変化があり、「もしかしたら単純な微生物が生息しているかもしれないが、快適で緑あふれる場所にはなりえない」。金星には初めこそ「今の地星と同じくらいの量の水が」ありましたが、その後急速な惑星温暖化に襲われました。

地星こそゴルディロックス惑星だ。……総じて見ると、地星は今に至るまで生命にとって最適であり、しかも限られた時期にではなく30億年にもわたって継続的にそうであり続けてきた。もちろん、大量絶滅を含め、生命が危機に瀕したこともあった。それでも、生命は粘り強く存続し、何度も栄えた。おかげで地星には、どの童話にも勝るほどの不思議ですばらしい歴史がある。[13]

とはいえ、これほど長い間地星が生命を支え続けてきたのはなぜなのかという問いは、万人がその意義を認めているわけではありません。一部の科学者が指摘するように、私たちがこの問いを自然だと感じる背景には、人間が大きな脳をもった複雑な生物であり、生命の進化という長い過程の終わり頃に登場したからという理由があります。生命そのもの、すなわち最初に登場した生命体から私たちに至るまでの流れ全体は、単なる稀有な偶然だったかもしれません。「たしかに、私たちは偶然ここに存在しているわけだが、太陽系の総数を考慮に入れてみれば特に驚くべきことではない——試しにサイコロを10^{22}回振ってみると良い」[14]。地球物理学者のレイモンド・ピエールハンバートは、この惑星における生命の繁栄が単なる巡り合わせだとは思っていませんが、「居住可能性の問題」に関しては「まだまだ未解決な部分が多い」という点を認めています[15]。あるいは、地星に似た大気圏の酸素濃度をもつ惑星をもっとたくさん研究するまでは、生命を育み、それをこうした問いを

＊7　Jan Zalasiewicz　レスター大学古生物学名誉教授。ウェールズの山やイギリスのフェン地方におけるフィールドワーク（地図作成など）によってキャリアを出発させた。レスター大学へ移った後は地球の過去5億年における環境の変化の歴史を研究している。人新世の定義に貢献する論文を多数書いており、これらは地質学において広く読まれている。

＊8　Mark Williams　レスター大学古生物学教授。地質学的時間規模における生物の進化を専門としており、研究キャリアを通して世界各地へ実地調査に赴いてきた。近年ではサンフランシスコやレスターシャーなどにおける人為的な新生物種の導入が生態系に与える影響について研究している。人新世の定義に関する論文を多数執筆し、地質学へ多大な貢献した。

立てて検討できるほどの知性をもつ生物種へと進化させるような惑星の条件は解明できないと言う人たちもいます。一理ある主張です――標本の大きさが1ではどうしようもありません。[16] ところで、ガイアはあらゆる条件下で生命を守る恒常的な超生命体としてふるまうという考えを、トビー・ティレル[*9]は批判しています。代わりに、ティレルはアンドリュー・ワトソンと同じ立場をとっています（ワトソンはラブロックと共にあの有名なデイジーワールド・モデル[*10]を発案した研究者の一人です）。生命が誕生して以来まだ一度も惑星から抹殺されなかった理由は、「運と環境安定メカニズム（ぎこちないメカニズムではあるが）」の組み合わせによって説明できるという立場です。[17]

こうして、気候危機は惑星における生命の存在条件という重要な問いを生み、人間をこの問いの文脈で改めてみつめなおす契機を与えてくれます。こうした問いは私が「生命中心的（ゾエセントリック）」な世界観と呼んだものから出てきます。気候正義の議論における一人当たり排出量という人間中心的なデータからでは、こうした世界観には到達できません。ここで鍵となるのは一人当たり排出量という数値ではなく、人類が惑星全体へと拡大し、圧倒的な優占種となって他の多くの生命体に圧力をかけるようになるまでの物語です。この問題に関しては、オランダの学者のロブ・ヘンゲフェルト[*11]の仕事が優れた説明を与えていますす。人類はつい最近まで生命一般のパターンの中におさまっていました。そこでは一つの生命体の排泄物が別の生命体にとっての資源となり、生命は排泄物の再循環によって維持されていました。今では人数の増加と販売生産や消費によって、分解や再循環（リサイクル）では処理しきれないほどたくさんの廃棄物を私たちは生み出すようになりました。プラスチックは人間生活のあらゆる場面に登場する好例です。いわゆる「過剰なCO_2」も例として挙げられるでしょう。同時に、（現在は化石燃料が供給している）潤沢かつ安価なエネルギーへの依存はもはや避けようがない現実でもあります。世界人口は今世紀末までに１００億人から１２０億人になると見込まれていますが、70億人という規模の人口を維持するためでも複雑な組織を作る必要があり、これによってエネルギー需要は高まる一方となります(18)。

最近の人口増加は、過去の人類史的なものも将来的なものも含めて、化石燃料をめぐる

＊9　Andrew Watson　エクセター大学地理学王立学会教授。ジェームズ・ラブロックへ師事しつつ博士課程を修了し、異なる条件をもつ大気圏に着火することで過去の大気中の酸素濃度の限界値を調べた。以後はＮＡＳＡの金星調査の一環として金星や地球の大気圏の変遷を研究し、海洋学にも貢献した。２００３年より王立学会フェロー。

＊10　Daisy worlds model　ガイア仮説の一環としてラブロックとワトソンが１９８３年に発表したモデル。「Daisyworld」（ヒナギクの世界）は可変的な放射性エネルギーを放つ恒星の周りを公転する惑星であり、そこには「白いヒナギク」と「黒いヒナギク」の2種類の生物種しか生息していない。白いヒナギクは光を反射し、黒いヒナギクは光を吸収するため、恒星からのエネルギーの変動パターンを変えてもDaisyworldの表面温度はほぼ一定を保つ。地球が生物さながらにホメオスタティックなふるまいをすることを示すために用いられた。

＊11　Rob Hengeveld　アムステルダム自由大学生物地理学教授。生物の進化における空間的なプロセスの研究を早くから牽引してきた。専門は統計生物学であり、地球のみならず他の惑星における生物の発生と進化を数理モデルによって解析している。

物語とつながっています。「ピークオイル理論家」のジョン・マイケル・グリア[*12]が書いているように、「旧来の農耕生活からの脱却と産業世界の構築が可能になったのも、ひとえに化石燃料のおかげだ」[19]。潤沢かつ安価なエネルギーが（人間に）もたらす恩恵は枚挙に暇がありません。食生活が質・量共に向上し、住宅や衣類も改善され、多くの地域がより衛生的かつ健康的になり、（警察の改善などによる）治安の向上やより優れた照明設備なども実現されました[20]。20世紀における人口と平均寿命の指数関数的な成長（貧困層を含むデータ）にも、化石燃料が広く関与しています。合成肥料や殺虫剤、また灌漑ポンプの使用だけでなく、抗生物質などの一般医薬品の製造における石油化合物の使用もそこに含まれます[21]。

インドや中国などの新興諸国は、（最悪の化石燃料である）石炭の継続使用と排出量の増加を正当化するにあたって、インドや中国に暮らす数十億人もの人々を貧困から救う必要性を挙げるものです。中国はすでに世界最大の排出国であり、一人当たり排出量でも欧州連合（EU）を抜いています[22]。これは炭素排出量だけの話ではありません。生物種としての人類が他の生物種に圧力をかけ、ついには自分たちの生存条件をも脅かすという話でもあります。この問題は気候危機とつながってもいます。多くの学者が指摘するように、大気圏や海洋の温暖化は、海面上昇によって沿岸部の居住地や都市や島などを脅威に晒すだけでなく、海の酸性化によって海洋生物多様性に変化をもたらしもします[23]。人間の数の増加によって世界の生物多様性が脅かされるという考えは、環境関連の書き手たちの間ではもはや常識です。[24] また、バーツラフ・シュミル[*13]が指摘したように、人間や家畜は生物圏の産物の95%を消費しており、野生動物の分け前はたった5%しかありません。[25] たしかに貧困層には温室効果ガスの排出責任こそほとんどありませんが、それでも生物種としての人間の生にはしっかりと加わっています。

この惑星に生きる人間の数が多ければ多いほど、たとえその大半が貧しい人たちだったとしても、人間集団をまとめる管理体制がより大規模化・細分化されるため、社会もより複雑にならざるをえません。そうすると、こうした社会を維持するための「無料」「自由」エネルギー[*14]の必要量も大きくなります。[26] 今世紀の終わりまでに世界人口は100億人から

＊12 John Michael Greer　アメリカの作家、ドルイド。魔術結社「黄金の夜明けドルイド団」の創設者。ピークオイルや地球環境破壊に関するブログ記事を多数執筆している。また、魔法は秘密裏に行うのが良いという立場をとり、リベラルなオカルト信仰者を批判している。チャクラバルティがなぜこの人をここで引用しているのかは不明。

＊13 Vaclav Smil　マニトバ大学環境学名誉教授、カナダ王立協会フェロー。第二次世界大戦中にナチス・ドイツ占領下の都市プルゼニ（現チェコ領）で生まれ、学問研究のため渡米。ペンシルベニア州立大学地球・鉱物科学研究所で博士号を取得後、マニトバ大学へ移りそこで半生を過ごした。食料、人口、環境、公共政策、そして歴史などのテーマを横断しつつ、学際的な研究を行っている。多作であり、40冊以上の書籍と500本ほどの論文を発表した。

＊14 "free" energy　引用元のヘンゲフェルトの仕事においても意味がはっきりしない表現。ある系から取り出せる使用可能な仕事量という物理的な意味での「自由エネルギー」と、生態系サービスなどが提供し事業がその維持コストを外部性として扱ってきた「無料のエネルギー」のどちらの意味にも取れる。ここではこの両義性をそのまま訳出した。

120億人に到達するだろうという予測がもし仮に実現された場合、そのような人口の生存を支えるためには安価かつ潤沢なエネルギーが今よりも多く（少なくではありません）必要になります。デューク大学の地質学者のピーター・K・ハフ[*15]は、そのような超大規模な人口を支えていくためには生物学的要素と科学技術の融合が必要だと最近論じました。そして「現在［人間が］住まう世界を定義」するために「技術圏（テクノスフィア）」という含蓄に富んだ概念を提示しました。近代文明と「そこに住まう7×10^9人の人間たち」が生きていくためには、「地球を覆う科学技術」が不可欠であり、「大規模に接続された科学技術一式に支えられて初めて、地星からの多量の自由エネルギーの採集と発電への使用、長距離コミュニケーション、そして……地域間や大陸間、また世界規模での食料その他の物資の流通が可能となる」。ハフの主張によると、幾多の人間の存在可能性の条件であるこの科学技術のネットワークこそが「技術圏」であり、そこでは人間もこの複雑な全体の中で知覚をもつ一部品にすぎません。「既存の規模の」人口は「技術圏の存在に深く依拠している」とハフは言います。「科学技術という補助構造なくしては」、人間集団もぼろぼろに崩れ去ってしまうでしょう[27]。よって、科学技術は「地星の歴史における新たなパラダイムの幕開け」を表しているとハフは論じます。とてつもなく大きな数の人間や家畜が存在するための条件と化した科学技術は、「次世代の生物学的要素」としても捉えられます[28]。ラトゥールらしい妙言を借りるならば、あたかもガイア思想の遺産は「私たち全員に［日に日に高度技術化・専門化していく」自分の生息条件の明示を強いているかのようだ——息苦しい古風（アルカイック）な過去から逃れつつ、別の意味で息苦しい未来へと突き進んでいるという状況を」[29]。技術圏をめぐるハフの言説（テーゼ）も、温室効果ガスの排出過程における主体性の問題や因果的・道徳的責任の所在をより複雑なものにしています。人間の手によって産業化された動物たちが大気圏に多くのメタンを放出し、人間自身の産業的な生活が同種の温室効果ガスをさらに多く追加しており、しかもそのような生活が安価かつ潤沢なエネルギーなくしては成り立たないものだとするならば、気候問題の責任を人類に負わせようとする論調そのものが主体性の問題を誤って捉えていると言わざるを得ません。当然ながら、「人為的」気候変動の背景には人間や（一部の）動物たちの生活の産業化から成る因果関係の網の目があります。しかし、科学技術と人間生活、そして人間以外の生物たちの生活が織り成すこの背景においては、因果的責任こそすべての要素が共有しているものの、「道徳的」責任を負えるのは人間だけです。

こうした議論に入ると、地星の有限性に関するよくあるテーマがいくつか頭に浮かぶでしょう。今世紀の終わりまでに人口が１００億人から１２０億人くらいまで増え、すべて

＊15　Peter K. Haff　デューク大学土木・環境工学名誉教授。粒子の運動の物理学的シミュレーションなどを専門とする。ハーバー・ボッシュ法に象徴されるような大規模に採用されている諸技術に加え、宗教や政府などの機関組織を含む広義の技術体系を「技術圏」と名付けて分析した。人新世作業部会の一員でもあり、近年では技術圏を含む総合的な環境としての「新環境」の概念を提唱・発展させてもいる。

の人々がエネルギーや開発にまつわる権利を平等に行使した場合、安価かつ潤沢なエネルギーの追加分はどこから調達すれば良いのでしょうか。仮にそのすべてを再生可能エネルギーで賄う場合は、地星が太陽から常に得ている有限なエネルギーを人間が独り占めするという事態にもなるでしょう。[*16] そうなれば、地星上の他のプロセスや生命体が必要としているエネルギーを人間が奪うという顛末にもなりかねません。ハフが想い描く未来では、人間は「宇宙空間で地星から逸れた光子エネルギーを」地球工学を使って「集め、それをマイクロ波という形で地星の表面へと送電する」らしいです。[30] また、ラトゥールは地質学を参照しつつ有意義なデータをいくつか挙げています。人間の文明社会は「現時点で約12テラワット（10^{12}ワット）の電力を使っている」。もし世界が米国の消費レベルへと発展した場合、エネルギー消費量も100テラワットへと成長します。ラトゥールはこれを「驚愕の」数字と呼んでいますが、無理もありません。「プレートテクトニクスの営力は最大でもせいぜい40テラワットだと言われている」からです。[31] ラトゥールはさらに、十分な地表面積を確保するためには、地星規模の惑星があと5つ必要だとも付言しています。[32] これよりも低めの水準を用いつつ、著名な環境科学者のバーツラフ・シュミルは名著『生物圏の収穫――我々が自然界から奪ったもの』を次のように締めくくっています。「低所得諸国における数十億人の貧しい人々が、現在の富裕諸国における一人当たり収穫量の半分を得るだけでも、地星の基礎生産の大半がもはや自然状態を保てなくなり、人間以外の哺乳類の取り分もほとんど失われてしまうだろう」[33]。

言うまでもなく、世界の富裕層と貧困層の間には気候正義が実現されるべきです。とはいえ、正義の話をする人たちは、様々な限界を議論に組み込むのが苦手です。気候正義関連の議論は一人当たり排出量をベースに行われるものです。そこには、世界の炭素吸収源を使う権利を万人が平等にもっているにも関わらず、先進諸国はこれまでそれを独り占めしてきたという、民主的かつ人道的ではあるものの人間中心的な前提があります。インドのような国の政府は、このような議論を好むものです。例えばインドの環境大臣のプラカシュ・ジャベードッカー[*17]は、２０１４年9月に『ニューヨーク・タイムズ』紙のインタビューで、「科学者が気候危機と呼ぶものに対する責任は、世界最大の累積温室効果ガス排

＊16　humans hogging much of the finite amount of energy the Earth receives from the Sun　根拠が不明瞭な主張。太陽光エネルギーの年間総量は、２０１９年の時点での人類による年間エネルギー消費総量の約７０００倍から８０００倍だと言われている。むしろ、この太陽光エネルギーを使用可能な形へ効率良く変換する装置の開発や、これの大量生産に必要な希少資源の産出（リサイクル技術を含む）の方を問題視すべきだという見解がＩＰＣＣや国際エネルギー機関（ＩＥＡ）などの最近の報告には通底している。参考文献：Paul Breeze, *Power Generation Technologies, Third Edition* (Oxford: Newnes, 2019); International Energy Agency, *The Role of Critical Minerals in Clean Energy Transitions* (Paris: IEA, 2021).

＊17　Prakash Javadekar　インド人民党所属の政治家。環境・森林・気候変動大臣、情報放送大臣、重工業・公営企業大臣を歴任した後、人材開発大臣に就任。インド人民党の広報担当者でもある。２０１５年に行われた第21回気候変動枠組条約締約国会議（ＣＯＰ21）では、インド代表団を指揮した。

出国であるアメリカ」にあると言い、「インドも何らかの形で炭素排出量を削減すべきだという考え」を一蹴しました。

「削減?……それは先進諸国の仕事ですよ。歴史的責任という道徳原理は水に流せるようなものではありませんからね」。……インドの排出量が下がり始めるには、少なくとも30年は必要だろうとジャベードッカーは述べた。「インドが第一に行うべきことは、貧困の撲滅です。……インドの人々の20%は電力にアクセスできていませんが、これこそ私たちの最優先課題なのです。私たちは成長を加速させますし、排出量もさらに大きくなっていくでしょう」。

『ニューヨーク・タイムズ』紙の記者はさらに次のように付記しています。「これから数十年間で、インドが3億人以上の人々に電力を提供していく中、インドの排出量は倍増し、アメリカや中国を追い抜く見込みである」[34]。

他方で、生命中心的な見地からは、一人当たり排出量よりも生物種としての人間（ヒューマニティー）に重点が置かれます。人類は己の豊かさのためだけに、自分だけでなく他の多くの生物種の生のあり方をも産業化するような優占種です。人口規模が重要となる理由もここにあります。気候正義の思想家の中には、両側面の折り合いをつけて「収縮と収束シナリオ」[*18]を構想する人たちもいます。そこではすべての国が同程度の発展を遂げ、現時点での富裕諸国は消費レベルの削減をする術を体得し、万人が人口と資源消費量を総合的に考慮して行動できるようになるほど人間が成熟するということになっています。[35] しかしながら、ここでもまた地球の予定表との大きな食い違いが生じています。大気圏における人間同士の分配正義を達成するための予定表は、基本的に時間制限がなく、開かれています。規範性や政治的実用性、そして現実性を帯びた議論の混ぜ合わせによって日常レベルの政治は動いていくものですが、そこではより正義に適う世界が具体的にいつどのように実現されるのかが曖昧です。しかし、「危険な気候変動」を、すなわち平均気温の摂氏2度以上の上昇を回避するためにIPCCが発表した地球規模の行動の予定表は、確固としており、時間制限も付いています。これについて、トビー・ティレルはこう述べています。

現在、私たちは地星を既存の歴史の射程の外へと押し出している。直近の80万年において……大気圏のCO_2濃度は0・03%（300ppm）を超えたことがない。対して

＊18 “contraction and convergence scenario” 1990年代初頭にグローバル・コモンズ研究所が提示した温室効果ガス削減のための枠組み案。世界各国が安全域まで排出量を削減しつつ、同時に各国の排出が平等になるような戦略として構想された。各国の政治家や活動家たちに支持されている枠組みだが、現時点でUNFCCCはこれを正式には採用していない。参考文献：Aubrey Meyer, *Contraction and Convergence: The Global Solution to Climate* Change (UK: Green Books, 2000).

……私たちはすでに400ppm近くまでこの数値を上げてしまっており、増加率は上昇の一途を辿っている。私たちがしているような速度で大気圏に二酸化炭素が追加されたことは、おそらく直近の5000万年以上において一度もない。[36]

既存の排出量が維持された場合、気温上昇が摂氏1・5度または2度に抑えられる確率はそれぞれ6年以内または21年以内に66%へと下がり、10年以内または28・4年以内に50%にまで下がるとされています。[37] そもそもこの予定表すら楽観的すぎるかもしれません。「この惑星はすでに産業革命前と比べて摂氏0・8度も温暖化した」とクライブ・ハミルトンは言い、「系内の慣性を考慮するとすでに摂氏2・4度は確定(ロックイン)されており、2070年代までに摂氏4度ほどの酷暑化が起こる可能性もある」と警告しています。4度の上昇は、ハミルトンの言葉を借りるなら「未知の領域」への突入を意味します。[38] 地球規模の行動の予定表としてIPCCが提示したものは、正義の予定表とはどうもかみ合わなさそうです。気候正義の追求とそれに付随する政治の駆け引きを思ってみると、あるいは私たちも危険な気候変動という苦難の道(ヴィア・ドロローサ)を進む羽目になるかもしれません。気候正義をめぐる闘争も、今よりもさらに気候からの圧力が強く、さらに不正義まみれの世界で繰り広げるしかなくなるかもしれません。

気候変動と時代意識

時代意識としての気候変動は、分断された政治的主体としての人間「ホモ」と、人間の集団的で意図せざる存在形式、地質営力や生物種、そしてこの惑星の生命の歴史の一部としての「アントロポス」との間に走る亀裂を基調としています。アントロポスという考えは人間の歴史を惑星の地質学的・進化論的歴史に従わせ、これによって人間を中心でなくさせます。ヤスパースいわく、時代意識は「結論という安心がない状態で人間に与えられる」ものです。そのような意識を保つには「スタミナが必要」だとヤスパースは述べました。「解決不能性が帯びる緊張状態を耐え抜くよう求められる」からです[39]。繰り返しますが、だからといって人間同士の正義の問題をめぐる短期的な政治や争いの場がなくなってしまうわけではありません。マルサス的な解決策へと無闇に走る必要もなく、惑星の環境収容能力を算出したり、現在の生活水準を維持した際にこの惑星が支えられる人数の上限は何かという、大量虐殺をほのめかす推測をしたりする必要もありません。時代意識はただそのような思考回路の元にある雰囲気[*19]をしっかりと見据え、それを気候危機から出てくる雰

*19　moods　主観的な特徴としての「気分」という訳語も考えられるが、後にハイデガーが参照されている点も考慮しつつ、主客の二項対立に回収されないような言葉としての「雰囲気」を採用した。

囲気のスペクトラムに属するものとして捉えるものです。

ヤスパースにとって時代意識は道具ではなく、惑星規模の問題への実用的解決策ではありませんでした。「このような考え方は、人類の自己保存のための手段ではない。何らかの計画へとこの思考法を組み込もうとしても、直ちに劣化してしまうため意味がない」。それでもなお、ヤスパースはこうした意識や考え方の有用性に関しては楽観的な態度をとっていました。「この考え方があれば、自由を発揮しつつ原子爆弾の脅威に対抗し、人類の存在を救うような生き方も可能になるかもしれない」。ヤスパースの自信を支えていたのは理性論であり、それは決してナイーブな理論ではありませんでした。「人間の獰猛さや強欲や冒険心、そして生命をぞんざいに扱うことで優越感に浸りたいという渇望等々」にもしっかりと目配りをしていましたし、しばしば経済的な損得勘定の原動力になり「人間を自己疎外する」ような「やみくもな利己心」の存在にも気がついていました。さらに、理性は「生産と破壊のための道具を同時に産出し、際限なき生産と完全な破壊を両方とも可能にするような」技術革新とは別物だとヤスパースは考えていました[40]。

ヤスパースは理性という共通基盤――これをヤスパースは人間の「真の本質」と定義しました――に一緒に立脚できる存在として人間を捉え、そのような人間の仲間たちに向けて語りました。人間の歴史において「一徹不動のものはただ一つしかない。それは理性への意志、飽くなき意思疎通への意志、そして潜在的に万人を束ねる愛への意志だ」。ヤスパースはさらに続けてこう書いています。「理性に不信を投げかけ、人間が理性に従う能力を疑ってしまっては、人間への信頼もまた失われてしまうだろう」。同時に、ヤスパースにとって時代意識とは「共通性」を作り出すための努力と不可避的に重なり合うものでもありました。「［人間同士の意思疎通の］機会を拒絶するとき、そこには人間の人間らしさへの信頼［の欠如］が露呈する」。また、ニーチェを引用しつつ「真理は二者の存在から始まる」とも書いています。ヤスパースは自分の語り相手である人間仲間を、専門の哲学者という部署的存在ではなく、思想家としてはっきりと認識していました。「人間は誰しも理性を宿している。利己心を脇に置き、忍耐強く誠実に考えさえすれば、誰でも理性を心の内に育むことができる」。また、理性には人間を分かつ狭き集団的連帯感を超越するような仲間意識を作り出す力も潜んでいるとされました。科学は人間同士を「純粋に知的な形」でしかつなげてくれないのに対して、「理性も万人に備わっているが、それは専門分野における理解力に限定されておらず、人間という存在全体に染み渡っている。暮らしや感情や願望など、あらゆる意味で異なる人間同士を理性はつなげてくれる。多様な要素によって分断されていても、理性はさらに強力に人間同士をつなげるものだ[41]」。

　この思想の伝統は現代のあらゆる場面において継承されているわけですが、ヤスパースもまたその流れを汲んでいました。人間（ヒューマニティー）が知的生物種としての役割を自覚的に引き受け、人間以外の存在を含む万物の繁栄につながるような形でこの惑星の世話をするきっかけとして、人間の理性や惑星的・地球的視点をとる能力に大きな期待を寄せたからです。似たような考え方は、ラビンドラナート・タゴール[*20]からフランツ・ファノン[*21]まで、20世紀の反帝国主義思想においても見られます。とはいえ、この伝統はそれよりもなお古いものです。最近発表された論文において、デボラ・コーエン[*22]は19世紀の自由主義政治家のエドアルト・ジュース[*23]の思想に焦点を当てています。ジュースは先駆的な地質学者でもあり、「生物圏（バイオスフィア）」という言葉の産みの親でもあります。人間の狭き部族的帰属意識を乗り越える上で、地質学は役に立つはずだとジュースは考えていました。コーエンが指摘するように、ジュースは「惑星的視点」から「他の生物に比べて人類を特権視しないような政治」が生じることを期待していました。[42] ジュースはこう書いています。

偏見や利己主義（エゴイズム）もさることながら、日常的な雑事の陳腐さもまた……個々人の周りに障壁を作り、私たちの視界をひどく狭めてしまっている。これを取り払い、中産階級（ブルジョワ）生活における貧しい時空間概念を捨て去る決意をし、凡俗的かつ自己中心的な世界観に基づいて個人や人類への損得勘定をすることをやめ、事実をあるがままに受け入れたならば、自然界（コスモス）は言葉にならないほど荘厳な光景（イメージ）を示してくれるだろう。[43]

私の専門分野である歴史学においても、大きな規模で考えれば人間同士の連帯や「世界市民」の感覚が生まれるのだという前提は、「大きな歴史（ビッグ・ヒストリー）」（あるいは「深層史（ディープ・ヒストリー）」）と呼ばれる歴史研究分野において再び勢いをつけてきています。この運動の先駆者であるデイビッド・クリスチャン[24]の手にかかると、生物種としての人類の歴史は「人間（ヒューマニティー）」の歴史へとすんなり合流してゆきます（これは他の大きな歴史研究者の作品においても見られる傾向です）。クリスチャンはこう書いています。

＊20　Rabindranath Tagore　19世紀ベンガル生まれの知識人。アジア人初のノーベル賞受賞者。小説や詩、演劇や絵画など多数の表現形式において優れた作品を遺した。散文詩集である主著『গীতাঞ্জলি』は後にタゴール自身の編訳によって *Gitanjali*（『タゴール詩集――ギーターンジャリ』渡辺照宏訳、岩波文庫、１９７７年）として刊行され、英語圏の読者にも広く読まれた。またインド国歌の作詞作曲、ベンガル国歌の作詞を手がけてもいる。

＊21　Frantz Fanon　フランス領マルティニーク生まれの思想家、活動家。植民地解放運動を牽引し、ポストコロニアル理論を先駆した。主著 *Les Damnés de la Terre*（『地に呪われたる者』鈴木道彦・浦野衣子訳、みすず書房、１９６９年）では、言語表現による植民地支配の方法（主従関係の常態化）を批判し、脱植民地化における暴力の必然性を分析しつつ、入植者ではなく被支配者側が自らの歴史を紡ぐ必要性を説いた（本作はフランス政府によって検閲された）。

＊22　Deborah Coen　イェール大学科学史・医学史教授。科学者による不確実性との向き合い方を研究している。主著 *Vienna in the Age of Uncertainty: Science, Liberalism, and Private Life* (Chicago: University of Chicago Press, 2007) では、１８４８年以降のウィーンにおけるエクスナー＝フリッシュ一家の3世代の人々に焦点を当て、オーストリア自由主義の実践の場において近代的な主体が形成され不確実性が認知されていくまでの歴史を紡いだ。近年では気候科学の歴史の研究に力を入れている。

＊23　Eduard Suess　19世紀オーストリア生まれの地質学者。アルプス山脈の地理を研究し、収縮説に基づく山脈形成論を展開した。また１８６１年にはゴンドワナ大陸説を発案し、後にテチス海の存在を提唱した。

> この拡張版の歴史において……世界各地の個人や共同体は、宇宙全体の進化の物語の登場人物として自分を認識できるようになるだろう――かつて宗教の諸伝統における宇宙論に自分を重ね合わせていたように。……この共通の歴史への理解を通じて、教育者たちは世界市民の感覚を醸成できるようになるだろう――かつて国粋主義的史学史が国民国家の内部において結束の感覚を作り出したように。[44]

この立場の論拠として、クリスチャンは世界史の先駆者ウィリアム・マクニール[*25]が1986年に米国歴史学会に向けて行った会長演説を直接引いています。マクニールはそこで次のように述べました。

> 偏狭な史学史が争いを必然的に煽ってしまうものだとすると、筋の通った世界史は人間（ヒューマニティー）全体の偉業や苦難への帰属意識を個々人の中に育む。そこからは集団同士のぶつかり合いがもつ惨さの軽減が期待できる。これこそ現代において歴史学という専門分野が担うべき道徳的責任ではないだろうか。全世界的（エキュメニカル）な歴史を紡ぐことで、人間の多様性とその複雑性をあるがままの状態で存続させようではないか。[45]

シンシア・ストークス＝ブラウン[*26]の人類史では、「持続可能な科学技術の登場」の希望が「革新力という、歴史を通して人間が示してきた能力」に託されています。[(46)] ジョン・L・ブルックは、人間の進化と歴史において気候が担った役割を巧みに概観した後、次の点を認めています。「近代経済の登場によって、人間（ヒューマニティー）は急速な気候変動とより広義の急速な惑星規模の変動の営力（エージェント）となった」。ブルックはさらにこう書いています。

ただし、陸橋説を始めいずれの研究結果も後の検証によって修正または反駁されることになる。参考文献：Naomi Oreskes, "From Continental Drift to Plate Tectonics," *Plate Tectonics: An Insider's History of the Modern Theory of the Earth* (Ed. Naomi Oreskes, Colorado: Westview Press, 2003), 3–27.

*24 David Christian　マッコーリー大学歴史学・考古学名誉教授。ロシアおよびソ連の歴史研究者として出発した後、１９８０年代以降は大きな時間規模をもち広く学際的な世界史にも取り組むようになった。２００４年には「大きな歴史（ビッグ・ヒストリー）」の主著 *Maps of Time: An Introduction to Big History*（California: University of California Press, 2004）を発表。２０１１年には高校生向けに無料で大きな歴史のオンライン授業を提供する「ビッグ・ヒストリー・プロジェクト」をビル・ゲイツと共に立ち上げた。

*25 William McNeill　20世紀カナダ生まれの歴史学者。博士課程在籍中に第二次世界大戦での兵役に服し、１９４７年に博士号取得。以後はシカゴ大学で終生教鞭をとり続けた。主著 *The Rise of the West: A History of the Human Community*（Chicago: University of Chicago Press, 1963）では、世界史を古代文明の差異によって基礎付けつつ、シュペングラーやトインビーとは対照的に文明同士の混ざり合いを歴史の推進力として捉えた。

*26 Cynthia Stokes Brown　20世紀アメリカ生まれの歴史学者。専門はアメリカの教育史。２０００年代以降は「大きな歴史」の研究と啓蒙にも尽力し、２００７年には一般向けのビッグ・ヒストリー入門作品である *Big History: From the Big Bang to the Present*（New York: New Press, 2007）を発表した。

地質学的・進化論的な時間規模では一瞬にすぎない期間において、人間の人口は倍増に倍増を重ねて70億人に達した。これは200年前の地星の人口の6倍、そして1000年前の実に24倍に相当する。直近のたった60年間においても、人口は2倍以上に増え、……人間による温室効果ガスの産出量も3倍に増えた。数百万年もの間自分たちを支え続けてくれた自然界のシステムやサービスを、人間はかき乱し始めている。

ブルックは人間の「集団的能力」や「知力」、そして政治的意志を形成する能力に希望を託し、それによって「将来世代の持続可能性が十分に担保される」ことを望んでいるようです。締めくくりに、ブルックはこう述べています。「私たちにはこの地星システム危機を集団的に解決する能力が備わっている。十分な情報に基づく政治的意志を使って、今こそこの能力を発揮させていくべきだ[47]」。

人間（ヒューマニティー）は世界へと己を投影できる主体であり、優占種または地質営力としての人間の行動を統治できるという考えは、気候危機関連の文献では随所に見られます。あるいは地球温暖化の人為性を認めつつも、人間の特別さの解釈に、すなわち「人間（ヒューマニティー）」だけでなく合理的な「生物種」にもなる力に根本的な解決策を見出す人たちもいます。気候変動ジャーナリストのマーク・ライナス[*27]は『神の生物種』において、人間は文字通り「神の生物種」になるべきであり、地球工学を悠々と使いこなして気候変動問題の解決や処理を図るべきだと熱く論じています。「人間(ヒューマニティー)はこの惑星を（そして自らを）うまく管理して、持続可能な状態へと移行できるだろうか」とライナスは問いかけ、こう答えています。「楽観主義には、少なくとも悲観主義と同じくらい有力な根拠がある。そして、成功に必要な動機や情熱を与えてくれるのは、ただ楽観主義だけだ。……実のところ、地球環境問題は解決可能だ。さあ、早速問題の解決にとりかかろう」[48]。またメリーランド大学の地理学者のアール・エリス[*28]は、2013年9月13日付で『ニューヨーク・タイムズ』紙にこう書いています。「人間はこの惑星の自然な環境の限界の範囲内で生きるべきだ［という考え］は、人間の歴史を全否定し、あわよくば未来をも否定するようなものだ。……将来世代が誇りをもつような惑星を作っていくにあたって、唯一の限界となっているのは私たちの想像力と社会制度だ。より優れた人新世へと歩を進める中で、環境がとる形もまた私たちの手にかかってい

＊27　Mark Lynas　イギリスに拠点を置くジャーナリスト。『ガーディアン』紙を始め多くの主流メディアに寄稿しており、またコーネル大学「Alliance for Science」（科学のための同盟）のコミュニケーション戦略部門と気候変動部門の長も務めている。ライナス本人は気候科学の専門家ではないものの、主著*Six Degrees: Our Future on a Hotter Planet*（『＋6℃ 地球温暖化最悪のシナリオ』寺門和夫訳、武田ランダムハウスジャパン、2008年）は数百もの査読付学術資料に基づいて書かれており、十分な信憑性がある作品と言える。

＊28　Erle Ellis　コーネル大学地理学・環境システム学教授。専門は景観生態学。人新世において人間が生物圏を持続可能な形で営む方法を研究している。また人為的に作られ操作される生態系の研究のために「人類生態学」の概念を提唱し、「Anthroecology Lab」の所長を務めている。

る」。エリスはまさにこの思考法を「人新世の学問」と呼んでいます[49]。

こうした考え方のこだまはトビー・ティレルのガイア関連の作品からも聞き取れますが、それはいわば反響するこだまであり、自ら不和をきたしてしまっています。「人間の活動はすでに自然界に多大な影響を与えており、その勢いが弱まる兆しもないので」、人間には「何らかの形で積極的な管理を始める」しか道はないとティレルは言います。さらにもう一歩踏み込みつつ、ティレルは心安らぐ一言を添えています——「惑星の安全管理は、飛行機の安全管理と似ている」——が、同時にとても重要な区別を指摘してもいます。すなわち、飛行機は人間が設計して組み立てたものですが、惑星は「未知の部分をもつシステム」です[50]。ティレルによるラブロック批判は、ティレル自身の議論にも当てはまるでしょう。地星には歴史がありますが、それは地星が設計されたことを意味しません（飛行機の場合は話が別ですが）。また、ティレルも指摘するように、惨事は往々にして事後的に発見されるものです。例えば、オゾンホール危機は「予想も意図もされなかった」ものであり、「それほど悪化していなかったのも、ちょっとした運命のいたずらのおかげ」でした[51]。惑星の管理は飛行機の管理とは似ても似つかぬものかもしれないのです。そもそも設計すら未解明の飛行機に、一体誰が乗りたがるでしょうか。

改めて申し上げると、少なくとも本書の文脈では、ホモがアントロポスの役割を——すなわち、人間が人類の役割を——担えるという考えには不備がたくさんあります。しかし、これが可能であると考える人たちもたくさんいます。一例として、気候危機や他の生物種に対する人間の責任についてアマルティア・セン[*29]が最近言ったことに目を向けてみましょう。センは気候変動の議論における規範的枠組みの必要性を説きました。そこではアフリカやアジア、そしてラテンアメリカにおける大多数の人々が文明社会の恩恵に与り、真に民主的な選択をするために必要な潜在能力(ケイパビリティー)をつけるために、人間によるエネルギー消費量の増加を考慮に入れるべきだとされました。これには私も賛成です。センはさらに、人間の豊かさのためには他の生物種が犠牲になる場面もあるという点を認め、人間以外の存在に対して責任をとるよう促してもいます。議論の詳細を見てみましょう。

例えば、絶滅の危機に瀕している生物種に対する私たちの責任を考えてみてほしい。生物種の保存を大切だと思うとき、そこにはこの生物種の存続が何らかの形で人間の生活水準を向上させてくれるからという以上の理由があっても良いはずだ。……これは『スッタニパータ』における釈迦の議論とも直接つながる話だ。釈迦いわく、母親

*29 Amartya Sen　インドの経済学者。ハーバード大学経済学・哲学教授。開発経済学や貧困研究の世界的な第一人者であり、特にマーサ・ヌスバウムと共に発展させた「潜在能力アプローチ」は国連人間開発報告書の概念的な基礎を成している。多作であり、30冊以上の書籍に加え多数の論文や講演を執筆した。1998年にノーベル賞受賞、その他受賞多数。

が子どもに対して責任を負っている理由は、単に親が子を生んだからというだけではなく、子どもには一人ではできないことがたくさんあり、母親にはそれをする能力があるからでもある。……環境の文脈でも、他の生物種に比べ人間ははるかに強力であるため、……人間から強大な影響を受けている他の生き物たちに対して、人間は受託者責任をとるべきだ［とする根拠がある］という議論も成り立つだろう。(52)

ここには「人間から強大な影響を受けている他の生き物たち」に対して人間を親として位置づけるという人間中心的な操作があるわけですが、その問題点を思ってみてください。例えば、人間の行動から強大な影響を受けている生物種がすべて解明されることはありえませんし、往々にしてそうした発見は事後的に起こるものです。カナダの生態学者のピーター・セール[*30]は、「［人間の］役に立ちうるが未だに発見も利用もされていない生物種や、未解明のサービスを提供してくれている生物種の数々」について語っています。(53) さらに言うと、人間は繁栄を追求する中で必然的にたくさんのバクテリアやウイルスと熾烈な戦いを繰り広げるものですし、すでに多くの動物たちの住処を奪い存在を抹消してきてもいます（まだ完全に消されていない動物もいますが）。人間を脅かすウイルスやバクテリアは、私たちの生活に負の影響を与えているわけですが、そうしたものたちにまで存在価値を見出すことなど本当に可能なのでしょうか。また、生物種のご多分に漏れず、人間もまたランダムかつ無目的な自然選択のプロセスの上に歴史を紡ぐわけですが、生物種としての人類の働きを人間があらかじめ予測して引き受けることなど本当にできるのでしょうか。

深層史（ディープ・ヒストリー）への没入

時代意識の概念を考える上で、ヤスパースは「核の冬」と向き合っていたわけですが、これとは異なる現代特有の問題へと話を進めましょう。惑星気候変動は今の時代をかたどる独特の新しい現象であり、人間が有史以来直面したことがない類のものです。なるほど、たしかに人間は地域的な気候変動をはじめとする他の環境問題にこそ直面してきましたが、現代には未だかつてない大きな差異が横たわっています。人間の歴史の時間、すなわち個人や制度の話を進める際のペースは、深層時間に属する2つの歴史の時間規模に、すなわち惑星上の生命の進化の時間と地質学の時間に衝突しています。後者の歴史とそのペースは、人間の物語を語る際に当然のごとく前提とされてきたものです——特に人間の動機や野心、そして人間の生を形作る心理的・社会的ドラマや制度の物語においてはこれが言え

＊30　Peter Sale　カナダの海洋生態学者。ウィンザー大学名誉教授。珊瑚礁に生息する魚類の生態学と珊瑚礁の管理の研究を専門とする。専門書に加え、個人的な立場から地球環境危機に警鐘を鳴らす一般書も発表している。近年では珊瑚礁の魅力を外面的な美しさではなく科学的な視点から紹介してもいる。

ます。こうした物語はすべて、人間ドラマを人間の観客に向けて繰り広げる際に、いわば舞台背景のようなものとして地質学的・進化論的な動向を位置づけてきました。地星規模の現象の中には、物語に突如噴出するもの（例えば地震等）ももちろんありますが、総じて見るとやはりそれは人間の行動の背景という位置を占めていました。この背景がもはや単なる背景ではなくなったという点に、私たちの世代は気がついたわけです。人間もまたその一部であり、生物多様性の喪失の一因になったり――これは6度目の大量絶滅へと発展するかもしれません――、この惑星の気候や地質に数千年規模の変化をもたらす地球物理的営力になったりもしています。どうやら人間は完新世を退場させ、新たな地質年代を呼び込もうとしているようでもあります。人新世という名前が候補に挙がっているわけですが、そこには人間が生物種として地星の物理的な状態に与えた変更の度合いや期間が示されています[54]。

人間的年代記と地質学的年代記のこの一時的な融合（地星史的に一時的という意味です）は、科学者の間でも話題になっています。地質学者のヤン・ザラシェヴィッチは同僚たちと一緒に、人新世という年代の内容や正式名称に関する仕事をしてきました。最近発表した論文でザラシェヴィッチらは、世界規模かつ共時的な層序学シグナルをいくつか参照しつつ、「人新世は……1945年7月16日の……ニューメキシコ州アラモゴードにおけるトリニティ原爆の爆発の瞬間から歴史的に始まったものとして定義される」という提案を高い信頼度で行っています。著者らはさらにこう続けています。「産業革命の開始によって、人類は……強力な地質学的要素となったが、……産業革命の加速による世界規模の影響が地球規模（グローバル）かつほぼ共時的になったのは、20世紀半ば以降のことだ」。つまりこの日付には、人間の歴史における重大な出来事（原爆実験）と「［地球規模の］化学層序学的シグナルの発生源」が両方含まれているわけです[55]。国際地質科学連合[*31]が人新世を正式に認めた場合、それは化石燃料に基づく文明社会が終わった後も長きにわたって地星の岩に「私たち」の存在の痕跡が残ることを意味しています[56]。

ところで、「私たち」とはそもそも誰を指しているのでしょうか。私たちは分断された人間中心的な人間（ヒューマニティー）でありながら、惑星上の生命の歴史に属する優占種でもあり、ピーター・ハフの「技術圏」において知覚と道徳を有する部品であり、しかも地質営力でもあります。複数の年代記の融合――すなわち、種の歴史と地質学的時間規模が人間生活の時間規模へと今世代中に織り込まれるということ――によって、人間の条件にも変化が生じました。分断された人間（ヒューマニティー）としての人間、生物種としての人間、そして地質営力としての人間の物語は、異なっていながらも同時に互いに関係しあっているものです。人間の条件が変わったからといって、こうした物語が溶け合って一つの大きな物語になったわけではあ

＊31　International Union of Geologists　原文は誤植だと思われる。正しくは「International Union of Geological Sciences」。

りませんし、惑星とその上に住む生命の歴史が人文的な歴史の代わりに単独の物語としての機能を担えるようになったわけでもありません。現代が浮き彫りにしている様々なあり方の多くは、人間が直接体験できるようなものではありません（人間の願望や行動の結果として、認知のレベルで知識や演繹を得るとなると話は別です）。「人間」「生物種としての人間」「人新世を形作る人間」という3つのカテゴリーはそれぞれ区別されるべきものです。記録のされ方も異なりますし、歴史の主体として各カテゴリーを練り上げる際にも、異なる訓練や研究技術、道具や分析戦略が用いられます。そもそもこの3つの「主体」は互いに大きく異なってもいます。[57]当然ながら、進化によって身についた特徴を否定して生きる道は人間にはありません——例えば人工物は必ず両眼視と母指対向性を前提として設計されます——が、大容量かつ複雑な脳をもっているということは、大きく深い歴史は小さく浅い過去と隣り合わせに共存できるのかもしれませんし、人間の内面的な時間感覚（例えば現象学の研究対象）は進化論的・地質学的年代記に必ずしも適合するわけではないかもしれません——これは大きな歴史や深層史を推している人たちの議論に反する結果ですが。[58]

異なる時間規模をもつ年代記同士が織り合わさったのはつい最近のことですが、この現象と向き合ってみたとき、そこには「没入」にも似た感情が湧き上がってくるものです。私たちは「深い」歴史と地質学的な深い時間に没入しています。惑星の他者性やその巨大な時空間的プロセス、そして人間が無自覚的にその一部になったという事実を知るとき、そこには「深い」歴史への没入に伴う認知ショックが生じるでしょう[59]。では、深い歴史への没入とはそもそも何でしょうか。ヴァルター・ベンヤミン[*32]の有名な言い回しを借りるなら、それは緊急事態において過去の出来事が閃光を放つ様子にも似ています。あるいは、私の生まれ故郷であるインド亜大陸では糖尿病が蔓延していますが、糖尿病の診断を受けたとき、インド人は自分の過去が急に一変し拡大する感覚に襲われるものです。そのため、深い歴史への没入という体験をインド亜大陸で説明する際には、この糖尿病の診断に伴う過去の拡大の感覚になぞらえて話を進めることもあります。病院に行くまでは、いわば歴史学者の観点から自分の過去を眺め、自分の人生をある社会的・歴史的文脈に沿って理解しているとしましょう。そこで糖尿病の診断を受けると、自分とは何の関係もないような、まったく新しくて長期的な過去の展望が開けてくるでしょう。それは誰のものでもない過去であり、占有的・個人主義的な要素を持たないものです（この要素については、政治理論家のクロフォード・B・マクファーソン[*33]が優れた論考を書いています）。亜大陸の人々に向けては、数

＊32　Walter Benjamin　19世紀ドイツ生まれの哲学者。フランクフルト学派の一員であり、文芸批評、美学理論、歴史思想、翻訳論などに貢献した。古典的論文「機械的再生産の時代における芸術作品」では芸術作品がもつ特徴や役割の変化を分析した。従兄弟がハンナ・アーレントの一人目の夫だったため、アーレントと親交があった。

＊33　C. B. Macpherson　20世紀カナダの政治学者。トロント大学政治学教授。主著 *The Life and Times of Liberal Democracy*（『自由民主主義は生き残れるか』田口富久治訳、岩波書店、１９７８年）では、自由民主主義

千年以上にわたって米を食べ続けてきたため、遺伝的に糖尿病を発症しやすくなっているのだという説明がなされるでしょう。もし患者が学問を生業とする家族やバラモンまたは上流カーストの生まれだった場合は、運動をあまりしない生活習慣を数百年以上にわたって続けてきたことにもなるでしょう。あるいは、人間の筋肉が糖質を貯蔵し放出する能力は、人類史の大半を狩猟採集民族として過ごしてきたという事実と未だにつながっているという説明がなされるかもしれません——進化論がいきなり登場です[60]。体験こそできないものの、こうして患者は長い歴史に気付き、突如としてそこへ没入してしまうわけです。

時代意識に含まれる人間中心的世界観と生命中心的世界観の間の緊張は、まさにこのような深い歴史や大きな歴史への没入に関わっています。人はこの緊張の中に身を置くことこそ可能ですが、それを解消することはできません（本書の考え方に則すと、アントロポスはホモではないからです）。京都議定書の「共通だが差異ある責任」という言い回しの「共通」の部分を構成しようと試行錯誤する中で、本書ではヤスパースの時代意識の概念を、改良を加えれば役立つものとして採用しました。また、ヤスパースにとって時代意識とは、政治に先立つ思想の場でありながら同時に政治的な論争や差異の場を狭めないようなものでしたが、この考えもまた有用なものとして議論に取り入れました。ところで、ヤスパースはこの意識の根拠を「理性」に見出し、理性を人間の本質として捉えていました。しかし、進化論的・地質学的歴史の時間規模へと没入した後では、理性には人間の立ち位置をめぐる人間中心的・生命中心的見地の緊張関係を満足に解消することはできないとも本書では論じました。

では、私たちはこの緊張をどう捉えれば良いのでしょうか。ヤスパースの文章に潜むずれを手掛かりに議論を前へ進めましょう。ヤスパースはこう書いています。「理性とは、明瞭な思考行為の総体以上のものだ。むしろこうした行為は生を支える基本的な雰囲気から出てくるものであり、まさにこの雰囲気こそ理性なのだ」[61]。「基本的な雰囲気」という言葉は、ドイツ語原文では「Grundstimmung」ですが、これはかなりハイデガー的な一語であり、同調の問題[*34]にも関わっています[62]。雰囲気は心理学ではなく存在論のカテゴリーであり、認知よりも根源的な仕方で世界を開いてくれるものだとハイデガーは主張しました。「雰

＊34 problem of attunement　この文脈では具体的に何を意味するのかが不明瞭な言葉だが、一例として普通の人（Das Man）と本来性に関するハイデガーの議論が挙げられる。そこでは普通の人がすでにそこにある世界に同調するのに対して、本来的な存在は世界の崩壊という可能性（あるいは世界の不可能性という可能性）の虚無へと積極的に踏み込むとされている。このとき、本来的な存在はどう世界を開示し、世界内の存在をどう構成していくのかという問題が出てくる。日常語に言い換えると、原爆や気候危機のような未曾有の出来事と向き合うとき、既存の慣習や言説を盾に問題から目を逸らすのか、それとも問題を真に解決するために必要な行動を果敢にとりつつ、そうした行動をうまく新しい慣習や共通理解へと高めていくのかという問題としても理解できる。

にについてホッブズやロックなどが考えた「所有者としての個人」に基づく「防御的」モデルをジョン・スチュアート・ミルが先駆した「価値ある能力の開発者としての個人」に基づく「開発的」モデルと対比して分析した。

囲気がもつ根源的な開示は、現存在を己の存在の「現」と向き合わせるものだが、これに比べると認知がもつ開示の可能性はまったく広がりがない」[63]。次の一節にも目を向けてみましょう。「実存的・存在論的な見地からすると、純粋な事物存在の理論的認知の明証的確実性[*35]を用いて、心持ちのレベルで「自明」なものごとを矮小化しようという動きには、まったく正当性がない」[64]。

ハイデガーはここで「雰囲気」がもつ2つの特徴に焦点を当てていますが、どちらも本書の議論とつながるものです。まず、雰囲気は認知よりも根源的に、そして現象学的により深く世界を開くものです。認知は事物存在であり、抽象概念を介する一般的な思考です。また、認知は場所をもちません。気候科学が定義する意味での気候変動は、まさに世界の事物存在的な描写です。文字通り惑星的であるがために、場所をもたないからです。対して、雰囲気においては場所が大切になります。現存在を「現としての」己の存在と向き合わせるからです。ジョン・マッカリー[*36]とエドワード・ロビンソン[*37]訳の『存在と時間』で「state-of-mind」（心持ち）と訳されている言葉は、ドイツ語原文では「Befindlichkeit」（ある存在が置かれている状況）となっていますが、訳者も説明しているとおりこれは英語の「心」「精神」という言葉と語源を共有しておらず、この訳だと「自分が置かれている状況に気付くという部分が表現できていない」ことになります[65]。

ここで新たな問題が浮き彫りになります。惑星気候変動に関して、科学は事物存在的な命題を提示しています。それに対して、人間は基本的な雰囲気に基づいて反応をするわけですが、このときの雰囲気には恐怖や否認、懐疑や現実主義から楽観主義（根拠に欠ける楽観主義も含みます）まで様々なものがあります。このとき時代意識が置かれている状況は、抽象概念としての地星ではなく、生活世界として開示されます。では、それはどのような世界なのでしょうか。ここで一つ提案です。深い歴史や大きな歴史への没入は、ハイデガーの言う「放り込まれ感」（被投性）に相当すると思います。（ちなみに、この案を私は別の場所でも展開したことがあります）。宇宙飛行士は宇宙に浮かぶ球体を見てそれを人間の住処だと感じたわけですが、世界＝地星が実はこの印象以上の何かであるということに気付くと

＊35 apodictic certainty of a theoretical cognition of something which is purely present-at-hand　音楽を例に日常語に言い換えると、音楽という体験やそれを可能にするような生活世界があるとして、音楽理論はそこから音素の連なりを一旦切り離し、旋律や律動、そして和声のような区切りを使ってこれを分析する。この分析から出てきた結果は、理論的には様々な利点や強みをもっているが、これを参照して初めの音楽の体験を否定することはできない。その意味で、世界から立ち上がってくる音楽という存在は、その後の理論的な分析によって構築される音楽の概念に先立つ根本的な存在だとハイデガーは主張するだろう。

＊36 John Macquarrie　20世紀スコットランド生まれの神学者、哲学者。キリスト教聖公会研究の第一人者として知られており、実存主義的かつ体系的な神学を展開した。ハイデガーの *Sein und Zeit* のロビンソンとの共訳は英語圏では定訳として扱われている。多作であり、35冊以上の書籍と多数の論文や随筆を遺している。

＊37 Edward Robinson　20世紀アメリカの哲学者。１９３２年にハーバード大学から博士号を取得し、ドイツ語圏の大学でも訓練を積んだ。１９４６年よりカンザス大学で教鞭をとり、哲学科長も務めた。ハイデガー *Sein und Zeit* のマッカリーとの共訳は英語圏で定訳として高く評価されている。

き、そこには認知ショックが伴います。こうして惑星の他者性に気付くことこそ「放り込まれ感」です。そこでは、自分が置かれているこの場所との間に自分は必ずしも実践的・感性的な関係を築けないのだという自覚が芽生えてもいます。そこにはかなり長期的でダイナミックな過去が横たわっていますが、人間はそれを「文明社会」の歴史という形で日常生活へ当然のごとく組み込んできました。現代において、この過去はより小さな歴史と――すなわち執着や願望、そして野心の対立を基調とする歴史と――ぶつかり合っています。こうして人間は一連の雰囲気の中へと放り込まれ、この場所について今まで紡いできた物語の中心から自分が外されていくような感覚に襲われます。一見すると、「人為的気候変動」という言葉には人間が深く関わっているようにも思えるでしょう。しかし、「地球温暖化」と呼ばれる現象は「惑星温暖化」という類概念の一実例にすぎず、それは一般理論のレベルでは人間と何の関係もないものです――温暖化は人間が誕生するはるか前からもこの惑星で起こっており、生命が存在しない惑星においても起こってきた現象だからです。この惑星には生命やそれを支えるプロセス、すなわち生命（ゾーエー）の物語があります。この事実は、気候変動の遅早を決めるプロセスにおいて、人間の側の戦略が何であるにせよ、惑星を当事者の一人として扱うべき必要性をはっきりさせてくれています。

　時代意識がもつ現象学的な側面は以上のようなものです。これを押さえておけば、気候変動に対する感性的な反応を――否認から英雄的な雰囲気まで――理解できるようになりますし、それがこれからも地球温暖化の政治に影響を与え続けるであろうという点が見て取れるようになります。地球温暖化に対して地球規模で連携し行動を起こしていくためには、異なる規模で展開する出来事の連なりを（非人間的なものを含め）人間の経験へと落とし込んでいくという大きな難題、もしかしたら解決不可能な難題を避けては通れません。行動の必要性を人間に向けて説得していくとき、そこには気候変動をめぐる政治が再び頭をもたげてきます。政治とは人間同士の分断に関わるものです。そもそも人間は政治的に一致団結していません。だからこそ人間同士の（不）正義と繁栄の歴史は、気候変動対策において重要性や必然性を帯びてくるわけです。とはいえ、気候変動の危機は生命や地質学という非人間的な時間軸へと人間を放り込み、それによって人間中心主義という人間同士の分断の源泉から私たちを遠ざけもします。すでに述べたように、時代意識は政治的な思考ではありません。むしろそれは政治をめぐる思考であり、同時に政治の場があらかじめ閉ざされないように注意を払うような思考です。今回の危機をがむしゃらに凌ごうとする中で、各々の政治史は人間をこれからも分断していくでしょう。それでもなお、私たちはこの分断的な政治史を、単に資本主義の歴史という文脈においてだけでなく、地質学や進化論の歴史という、はるかに大きなカンバスの上で考える必要があるとも言えるでしょう。

ラブロックに倣って、こう問いかけてみましょう。人間は幾多の争いや差異の渦中にあって、「たとえ反応に時間がかかったとしても、いずれは地星のニーズに」気付くことができるのでしょうか。[66] この問題はこれからも引き続き最重要であり続けるでしょう。そして、この問いへの答え方次第で、「共通だが差異ある責任」の「共通」という言葉に対する私たちの読解も定まるでしょう。

講義1　時代意識としての気候変動

本書の講義は、イェール大学のタナー講義委員会からのご招待によって実現しました。また、マイケル・ワーナー、ダニエル・ロード・スメール、ワイ・チー・ディモック、ゲーリー・トムリンソン、そして聴衆の皆様からは、多くの正式・非正式なコメントをいただきました。フレデリック・ヨンソン、エヴァ・ドマンスカ、ロチョナ・マジュムダール、そしてジェラード・シャーニーとの議論もとても有益でした。ここに深く感謝申し上げます。

（1）J. Timmons Roberts and Bradley C. Parks, *A Climate of Injustice: Global Inequality, North-South Politics, and Climate Policy* (Cambridge, MA: MIT Press, 2007), 3.

（2）John L. Brooke, *Climate Change and the Course of Global History* (New York: Cambridge University Press, 2014), 558, 578–79.

（3）Bruno Latour, "Facing Gaia: Six Lectures on the Political Theology of Nature," *The Gifford Lectures on Natural Religion*, Edinburgh, 18–28 February 2013, 109.

（4）Mike Hulme, *Why We Disagree about Climate Change: Understanding Controversy, Inaction and Opportunity* (Cambridge: Cambridge University Press, 2009), 333–35.「厄介な問題」という一般概念が各分野においてどう適用されうるかについては、以下を参照。Valerie A. Brown, John A. Harris, and Jacqueline Y. Russell, eds., *Tackling Wicked Problems: Through the Transdisciplinary Imagination* (London: Earthscan, 2010).

（5）Clive Hamilton, "Utopias in the Anthropocene," paper presented at a plenary session of the American Sociological Association, Denver, August 17, 2012, p. 6. ハミルトン教授には論文を共有していただき感謝申し上げます。

（6）例えば、ジェームズ・ゴードン・フィンレーソンによるアガンベン批判を（やや乱暴であるとはいえ）参照してみるのも良いでしょう。James Gordon Finlayson, "'Bare Life' and Politics in Agamben's Reading of Aristotle," *Review of Politics*

72 (2010): 97–126. 特に以下の一節を挙げておきます。「アリストテレスによる単なる生と善き生の区別は、……ゾーエーとビオスの意味論的な差異によっては捉えきれない」（１１１）。また、アリストテレス研究者のエイドリエル・M・トロットによるアガンベンへの反論もこれに似ています. Adriel M. Trott, *Aristotle on the Nature of Community* (Cambridge: Cambridge University Press, 2014), 6–7。アガンベンの著作群においても、実はゾーエーの意味は徐々に限定されてきています。アリストテレスの『政治学』からの引用節（７-８）でも「むきだしの生」の概念から痛みや快楽を表に出せない生の形態が排除されており、アガンベン自身の議論（８）でもゾーエーは人間だけのむきだしの生を指す言葉であることがはっきりしています。アガンベンによるフーコーの生政治の概念の拡張からも、本書で私がゾーエーという言葉に込めたかった内容の多くがこぼれ落ちています。Giorgio Agamben, *Homo Sacer: Sovereign Power and Bare Life* (Stanford, CA: Stanford University Press, 1998; イタリア語原著は１９９５年初版刊行), 1–11. また、アガンベンの以下の一節も参照。「生の神聖性という原理はあまりにも馴染み深いものとなっているため、実は古代ギリシア（私たちの倫理政治概念の大半の源）ではこの原理が無視されていただけでなく、『生』という単一の言葉が指し示す複雑な意味論的空間を表現する言葉がなかったという点は忘れられているようだ」（６）。また、Rosi Braidotti, *The Posthuman* (Cambridge: Polity, 2013)では、ビオスは「従来はアントロポスに与えられてきた生の部分」として、ゾーエーは「動物および人間以外の生の広い射程」「動的な自己組織構造としての生」「生成的活力」として、それぞれ理解されています（60）。

（７）Karl Jaspers, *Man in the Modern Age*, translated by Eden Paul and Cedar Paul (New York: Henry Holt and Company, 1933; first published in German, 1931), 1, 4.

（８）Ibid., 5–6, 7–8, 8–16.

（９）Karl Jaspers, *The Atom Bomb and the Future of Man*, translated by E. B. Ashton (Chicago: University of Chicago Press, 1963), vii. なお、１９６１年版は*The Future of Mankind*という題名で刊行されています。ドイツ語原著は１９５８年刊行。

（10）Ibid., 9.（傍点は追加）

（11）Ibid., 16.

（12）Ibid., 6, 16.

（13）Ibid., 10, 12–13.

（14）Ibid., 23, 25, 26, 316.

（15）「個人の現実的な状況に比べると、一般的に把握されている状況はすべて抽象である……。状況の写像（イメージ）とは、個人が目の前で起こっていることの根幹へと到達するための拍車である」(Jaspers, *Man in the Modern Age*, 28–31).

（16）Hans-Georg Gadamer, "Martin Heidegger," *Philosophical Apprenticeships*, trans. Robert R. Sullivan, 45–54 (Cambridge, MA: MIT Press, 1985; ドイツ語原著は１９７７年初版刊行), 45.

（17）Jaspers, *Man in the Modern Age*, 18.

（18）Carl Schmitt, *The Nomos of the Earth in the International Law of the Jus Publicum Europaeum*, trans.G. L. Ulmen (New York: Telos Press, 2006), 191および第３部全般。

（19）Jaspers, *Man in the Modern Age*, 87.

（20）Ibid., 213.

（21）Ibid., 88.

（22）Jaspers, *Atom Bomb*, 74.

（23）Heidegger, 引用者：Benjamin Lazier, "Earthrise; or, The Globalization of the World Picture," *American Historical Review* (June 2011): 602–30, 609.

（24）Hans-Georg Gadamer, "The Future of the European Humanities," *Hans-Georg Gadamer: On Education, Poetry, and History: Applied Hermeneutics*, trans. Lawrence Schmidt & Monica Reuss, ed. Dieter Misgeld & Graeme Nicholsonm, 193–208 (Albany: State University of New York Press, 1992), 200.

（25）Gadamer, "Future of the European Humanities," 206–7.

（26）Schmitt, *The Nomos*, 352.

（27）Ibid., 354–55.

（28）Lazier, "Earthrise"; Alison Bashford, *Global Population: History, Geopolitics, and Life on Earth* (New York: Columbia University Press, 2014); Joyce Chaplin, *Round about the Earth: Circumnavigation from Magellan to Orbit* (New York: Simon and Schuster, 2012).

（29）Michael Geyer & Charles Bright, "World History in a Global Age," *American Historical Review* 100 (October 1995): 1034–60; Bruce Mazlish, "Comparing Global History to World History," *Journal of Interdisciplinary History* 28, no. 3 (Winter 1998): 385–95.

（30）Schmitt, *The Nomos*, 87, 88, 173, 351.

（31）Martin Heidegger, "The Age of the World-Picture," *The Question Concerning Technology and Other Essays*, trans. William Lovitt, (New York: Garland Publishing, 1977), 115–54 ; Peter Sloterdijk, "Globe Time, World Picture Time," *In the World Interior of*

Capital, trans. Wieland Hoban, 27–32 (London: Polity, 2013; ドイツ語原著は２００５年初版刊行).

（32）Lazier, "Earthrise," 609における引用節。また、「惑星そのものは人間の本来的な舞台にはなりえない」（611）というフッサールの提言をめぐる議論も参照。

（33）Hannah Arendt, *The Human Condition*, 2nd ed., intro. Margaret Canovan (1958; Chicago: University of Chicago Press, 1998 [1958]), 1–2.

（34）Lazier, "Earthrise," 614. 以下も参照。Bashford, *Global Population*; Chaplin, *Round about the Earth*.

（35）Sverker Sörlin, "The Global Warming That Did Not Happen: Historicizing Glaciology and Climate Change," *Nature's End: History and the Environment*, ed. Sverker Sörlin & Paul Warde, 93–114 (New York: Palgrave, 2009).

（36）Spencer R. Weart, *The Discovery of Global Warming*, rev. & exp. ed. (Cambridge, MA.: Harvard University Press, 2008 [2003]); Joshua P. Howe, *Behind the Curve: Science and the Politics of Global Warming* (Seattle: University of Washington Press, 2014). 以下も参照。Joe Masco, "Bad Weather: On Planetary Crisis," *Social Studies of Science* 40, no. 1 (February 2010): 7–40; Masco, "Mutant Ecologies: Radioactive Life in Post-Cold War New Mexico," *Cultural Anthropology* 19, no. 4 (2004): 517–50.

（37）ガダマーの見方によると、武器や「地星（エアデ）という私たちの住処の自然的基盤の荒廃」は「生一般の人間的条件」に対する二重の脅威だということになります。Gadamer, "The Diversity of Europe" On Education, p. 223. また、シュミットはこう述べています。「近代科学技術の有効性の高さを考慮に入れると、世界の完全な統一はもはや避けようがない帰結であるようにも見える。しかし、近代科学技術がどれほど有効であっても、自らを破壊せずには人間の本性や大地と海の力を完全に破壊することもできない」。Schmitt, *The Nomos*, 354–55.

（38）地星システム科学の歴史の要約は以下を参照。Weart, *Discovery of Global Warming*, 144–47.

（39）Charles Taylor, *A Secular Age* (Cambridge, MA: Harvard University Press, 2008).

（40）Robert Poole, *Earthrise: How Man First Saw the Earth* (New Haven, CT: Yale University Press, 2008).

（41）Ibid., 37–41, 103, 133–34.

（42）Ibid., 8–9.

（43）James Lovelock & Michael Allaby, *The Greening of Mars: An Adventurous Prospectus Based on the Real Science and Technology We Now Posses—How Mars Can Be Made Habitable by Man* (New York: St. Martin's Press, 1984).

（44）James Lovelock, *The Ages of Gaia: A Biography of Our Living Planet* (New York: Norton, 1995 [1988]), 173, 174.

（45）Ibid., 174, 175, 180–81;「まず第一目標となるのは、表面堆積層（レゴリス）を表土に変換できるような微生物生態系の導入および表層分布の光合成細菌の導入の同時遂行である」（１８７）。

（46）Archibald MacLeish, "Riders on Earth Together, Brothers in Eternal Cold," *New York Times*, December 25, 1968, http://cecelia.physics.indiana.edu/life/moon/Apollo8/122568sci-nasa-macleish.html.

（47）詳細は以下を参照。Dipesh Chakrabarty, "Postcolonial Studies and the Challenge of Climate Change," *New Literary History* 43 (2012): 25–42.

（48）Jan Zalasiewicz et al., "When Did the Anthropocene Begin? A Mid-Twentieth Century Boundary Level Is Stratigraphically Optimal," *Quaternary International* 30 (2014): 1–8, http://dx.doi.org/10.1016/j.quaint.2014.11.045. ザラシェヴィッチ博士にはこの論文を発表前に共有していただきました。ここに感謝申し上げます。

（49）一例として、以下の論文を参照。Andreas Malm & Alf Hornborg "The Geology of Mankind? A Critique of the Anthropocene Narrative," *Anthropocene Review*, March 18, 2014（オンライン刊行日：January 7, 2014).

（50）Jan Zalasiewicz, Mark Williams, & Colin N. Waters, "Can an Anthropocene Series Be Defined and Recognized?" *A Stratigraphical Basis for the Anthropocene*, ed. C. N. Waters et al., *Geological Society, London, Special Publications* 395 (2014): 39–53, http://dx.doi.org/10.1144/SP395.16.

（51）Raymond T. Pierrehumbert, *Principles of Planetary Climate* (Cambridge: Cambridge University Press, 2010), 66.

（52）David Archer, *The Long Thaw: How Humans Are Changing the Next 100,000 Years of the Earth's Climate* (Princeton, NJ: Princeton University Press, 2009), 9–10.

（53）気候変動の文脈における世代間倫理についてとても重要な本として、以下も参照。Stephen M. Gardiner, *A Perfect Moral Storm: The Ethical Tragedy of Climate Change* (Oxford: Oxford University Press, 2011).

（54）Julia Adeney Thomas, "History and Biology in the Anthropocene: Problems of Scale, Problems of Value," *American Historical Review* (December 2014): 1587–88.

（55）Intergovernmental Panel on Climate Change (IPCC), *Climate Change 2001: A Synthesis Report. A Contribution of the Working Groups I, II, and III to the Third Assessment Report of the IPCC*, ed. R. T. Watson & the Core Writing Team (New York: Cambridge University Press, 2001), 12, 引用者：Steve Vanderheiden, *Atmospheric Justice: A Political Theory of Climate* Change (New York: Oxford University Press, 2008), 9.

（56）この定式化は「近代の気象学たち」という題で２０１４年にルートヴィヒ・マクシミリアン大学ミュンヘンで開かれた学会において、ロバート・ストックハンマーが行った講演「人新世の文献学」から着想を得ました。

（1）Steve Vanderheiden, *Atmospheric Justice: A Political Theory of Climate Change* (Oxford: Oxford University Press, 2008), 6. 同79項の議論も参照。

（2）Ibid., 7.

（3）Ibid., 264n8.

（4）Ibid., 79, 104.

（5）Ibid., 251–52.

（6）James Lovelock, *The Vanishing Face of Gaia: A Final Warning* (New York: Basic Books, 2009), 35–36.

（7）Ibid., 163.

（8）こうした批判の一部に対して、ラブロックは以下の著書で応答しています。James Lovelock, *The Ages of Gaia: A Biography of Our Living Earth* (New York: Norton, 1995 [1988]), 30–31.

（9）「生命が何であるかを、私たちは皆直感的にわかっている。生命とは食べものや愛すべきものであり、場合によっては死をもたらすものだ。他方で、科学的探究の対象としての生命では厳密な定義が要求される。これは難題だ。……正式な生物学の諸分野はすべて、この難題を避けて通っているように見える」（Ibid., 16–17; 以下も参照：39, 60, 200–201）。

（10）Toby Tyrrell, *On Gaia: A Critical Investigation of the Relationship between Life and Earth* (Princeton, NJ: Princeton University Press, 2013). ティレルに対する（辛辣だが）説得力をもつ批判としては、以下を参照。Bruno Latour, "How to Make Sure Gaia Is Not a God of Totality? With Special Attention to Toby Tyrrell's Book on Gaia"（未刊行、以下の学会で発表："The Thousand Names of Gaia," Rio de Janeiro, September 2014）。また、マイケル・ルースは以下の著作において、ガイアをめぐる科学的議論の大部分が未だに還元論と全体論の各アプローチの分断に関するものであるという有意義な指摘をしています。Michael Ruse *The Gaia Hypothesis: Science on a Pagan Planet* (Chicago: University of Chicago Press, 2013).

（11）最近のインタビューは以下を参照。Timothy Lenton, "Testing Gaia: The Effect of Life on Earth's Habitability and Regulation," *Climatic Change* 52 (2002): 409–22; James E. Lovelock, "Gaia and Emergence: A Response to Kirchner and Volk," *Climatic Change* 57 (2003): 1–3; Tyler Volk, "Seeing Deeper into Gaia Theory: A Reply to Lovelock's Response," ibid., 5–7; James

W. Kirchner, “The Gaia Hypothesis: Conjectures and Refutations,” *Climatic Change* 58 (2003): 21–45; Tyler Volk, “Natural Selection, Gaia, and Inadvertent By-Products,” ibid., 13–19; and Ruse, *Gaia Hypothesis*. ラブロック自身の著作に加え、一連の議論の歴史を追う上では以下も参考になります。Ruse, Gaia Hypothesis; John Gribbin & Mary Gribbin, *James Lovelock: In Search of Gaia* (Princeton, NJ: Princeton University Press, 2009), ７章－10章

（12）Lovelock, Ages of Gaia, 28–29。以下も参照：James Lovelock, “The Contemporary Atmosphere,” *Gaia: A New Look at Life on Earth* (Oxford: Oxford University Press, 1995; 初版刊行１９７９年), ５章

（13）Jan Zalasiewicz & Mark Williams, *The Goldilocks Planet: The Four Billion Year Story of Earth's Climate* (Oxford: Oxford University Press, 2012), 1–2.

（14）Ruse, Gaia Hypothesis, 219. ちなみに、10^{22}という数字は「宇宙は可視的である」という当時支配的だった前提に基づいて算出された太陽系の総数の推計です。

（15）Raymond T. Pierrehumbert, *Principles of Planetary Climate* (Cambridge: Cambridge University Press, 2010), 14.

（16）Tyrrell, *On Gaia*, p. 176.

（17）Ibid., 188–89.

（18）１７５０年から２０１０年までの世界人口とエネルギー使用に関する統計として以下を参照。Will Steffen et al., “The Trajectory of the Anthropocene,” *Anthropocene Review* (2015): 1–18. 以下も参考になります。Rob Hengeveld, *Wasted World: How Our Consumption Challenges the Planet* (Chicago: University of Chicago Press, 2012), ２部１章Ｄ節

（19）John Michael Greer, “Progress vs. Apocalypse,” *The Energy Reader*, ed. Tom Butler, Daniel Lerch, & George Wuerthner, 96–99 (Sausalito, CA: Foundation for Deep Ecology, 2012), 97. 近世を研究する歴史学者ならば、伝統的農業から近代農業への移行と産業革命の開始の関係について議論の余地を正当に指摘することでしょう。しかし、産業化と近代農業がいずれも化石燃料に深く依存しているという点はおおむね明らかだと言えます。これについては、ジェラード・シャーニーとの議論から多く学びました。

（20）Hengeveld, *Wasted World*, 53, 98.

（21）Vaclav Smil, *Harvesting the Biosphere: What We Have Taken from Nature* (Cambridge, MA: MIT Press, 2013), 221; Butler, Lerch, and Wuerthner, Energy Reader, 11–12. 以下も参照。Hengeveld, *Wasted World*, 31:「人類史のほぼ全体をとおして平均寿命はとても短く、三十年強という数値が一般的だった」。さらに50－51頁も参照。

（22）Steffen et al., “Trajectory of the Anthropocene.”

（23） Lisa Ann-Gershwin, *Stung! On Jellyfish Blooms and the Future of the Ocean* (Chicago: University of Chicago Press, 2013), 10章；Naomi Oreskes, “Scaling Up Our Vision,” *Isis* 105, no. 2 (June 2014): 379–91, 特に388頁; James Hansen, *Storms for My Grandchildren: The Truth about the Coming Climate Catastrophe and Our Last Chance to Save Humanity* (New York: Bloomsbury, 2009), 165–66.

（24） Hengeveld, *Wasted World*, 164–65.

（25） Smilを参照。 引用者：Dipesh Chakrabarty, “Climate and Capital: On Conjoined Histories,” *Critical Inquiry* (Fall 2014): 1–23.

（26） Hengeveld, *Wasted World*, 66–70, 129.

（27） P. K. Haff, “Technology as a Geological Phenomenon: Implications for Human Well-Being,” in *A Stratigraphical Basis for the Anthropocene*, ed. C. N. Waters et al., *Geological Society, London, Special Publications* 395 (2014):, 301–9, here 301–2, http://dx.doi.org/10.1144/SP395.4.

（28） Ibid., 302.

（29） Bruno Latour, “Facing Gaia: Six Lectures on the Political Theology of Nature,” Gifford Lectures on Natural Religion, Edinburgh, February 18–28, 2013, Lecture 5, 107.

（30） Haff, “Technology,” 308.

（31） Latour, “Facing Gaia,” Lecture 4, 76.

（32） Ibid., Lecture 5, 126.

（33） Smil, *Harvesting the Biosphere*, 252.

（34） “Emissions from India Will Increase, Official Says,” report by Coral Davenport, *New York Times*, September 23, 2014. シェルドン・ポロックにはこの報道記事を紹介していただき感謝申し上げます。

（35） Thomas Athanasiou & Paul Baer, *Dead Heat: Global Justice and Global Warming* (New York: Seven Stories Press, 2002), 75. 引用者：Vanderheiden, *Atmospheric Justice*, 74.

（36） Tyrrell, *On Gaia*, 212–13. 大気中の二酸化炭層濃度（ppm）は２０１２年12月には３９４・28、２０１３年12月には３９６・81、２０１４年12月には３９８・78、そして２０１５年２月１日の週には４００・18をそれぞれ記録しました。一連の数値は、ハワイ州マウナ・ロア観測所によって算出された平均値であり、以下から入手しました：http://co2now.org/

（37） Carbon Brief, http://www.carbonbrief.org/blog/2014/11/six-years-worth-of-current-emissions-would-blow-the-carbon-budget-for-

1-point-5-degrees/.

(38) Clive Hamilton, "Utopias in the Anthropocene," 米国社会学会デンバー総会にて発表された論文, August 17, 2012, p. 3. ハミルトン教授には本論文を共有していただき、感謝申し上げます。以下も参照。Robert J. Nicholls et al., "Sea-level Rise and Its Possible Impact Given a 'Beyond 4°C World' in the Twenty-First Century," *Philosophical Transactions of the Royal Society A* 369 (2011): 161–81; Richard A. Betts et al., "When Could Global Warming Reach 4°C?" ibid., 67–84. ベッツらの報告によると、「摂氏４度の気温上昇が達成されるのは２０７０年代であり、もし炭素循環フィードバックが強かった場合は２０６０年代には摂氏４度まで到達するという推計が有力」（83）とのことです。他方で、ニコルスらの計算が示唆するところでは、南アジア、東南アジア、そして東アジアの沿岸部から移住させられる人の数は、もし適応策が失敗した場合、シナリオ別に７２００万人から１億８７００万人までの値をとるようです（１７２）。

(39) Karl Jaspers, *The Atom Bomb and the Future of Man*, trans. E. B. Ashton (Chicago: University of Chicago Press, 1963), 10, 12–13.

(40) Ibid., 217–18, 213–14.

(41) Ibid., 222, 223, 307, 229.

(42) Deborah R. Coen, "What's the Big Idea? The History of Ideas Confronts Climate Change," (2014), 19. [講演時には] 未発表の原稿でしたが、コーエン教授には論文を共有していただき、感謝申し上げます。

(43) ジュースのこの言葉の引用は、以下より拝借しました。Brigitte Hamman, "Eduard Suess als liberaler Politiker," *Eduard Suess zum Gedenken*, ed. Günther Hamman, 70–98 (Vienna: Akademie der Wissenschaften, 1983), 93. 引用者：Coen, "What's the Big Idea?" 18–19.

(44) David Christian, "The Return of Universal History," *History and Theory* 49 (December 2010): 6–27, here 7–8.

(45) McNeill cited in ibid., 26.

(46) Cynthia Stokes Brown, *Big History: From the Big Bang to the Present* (New York: New Press, 2012 [2007]), xvii.

(47) John L. Brooke, *Climate Change and the Course of Global History* (New York: Cambridge University Press, 2014), 558, 578–79.

(48) Mark Lynas, *The God Species: How the Planet Can Survive the Age of Humans* (London: Fourth Estate, 2011), 243–44.

(49) Erle C. Ellis, "Overpopulation Is Not the Problem," *New York Times*, September 13, 2013. Clive Hamilton, *Earthmasters: The Dawn of the Age of Climate Engineering* (New Haven, CT: Yale University Press, 2013). クライブ・ハミルトンの本は、地球工学が人間の繁栄を脅かす可能性を力強く論じています。以下も参照。Mike Hulme, *Can Science Fix Climate Change?* (London: Polity, 2014).

（50）Tyrrell, *On Gaia*, 210–11.

（51）Ibid., 213.

（52）Amartya Sen, "Energy, Environment, and Freedom: Why We Must Think about More Than Climate Change," *New Republic*, August 25, 2014, 39.

（53）Peter F. Sale, *Our Dying Planet: An Ecologist's View of the Crisis We Face* (Berkeley: University of California Press, 2011), 223.

（54）Oreskes, "Scaling Up Our Vision," 388. 種の絶滅やそれが人間存在に対して突きつける課題については、以下の箇所での議論が参考になります。Sale, *Our Dying Planet*, 102, 148–49, 203–21, 233. 以下も参照。Elizabeth Kolbert, *The Sixth Extinction: An Unnatural History* (New York: Henry Holt, 2014).

（55）Jan Zalasiewicz et al., "When Did the Anthropocene Begin? A Mid-Twentieth Century Boundary Level Is Stratigraphically Optimal," *Quaternary International* 30 (2014): 1–8, http://dx.doi.org/10.1016/j.quaint.2014.11.045. ザラシェヴィッチ教授には本論文を発表前に共有していただき、感謝申し上げます。

（56）「人新世」という言葉はまだ正式に確立されておらず、社会学だけでなく地質学者たちの間ですら議論の的になっています。この言葉が深い論争の渦中にあるという点は認めるべきでしょう。S. C. Finney, "The 'Anthropocene' as a Ratified Unit in the ICS International Chronostratigraphic Chart: Fundamental Issues That Must Be Addressed by the Task Group"; P. L. Gibbard & M. J. C. Walker, "The Term 'Anthropocene' in the Context of Geological Classification," *A Stratigraphical Basis for the Anthropocene*, 23–28, 29–37. また、以下における*Zalasiewicz* et al. とWhitney J. Autin およびJohn M. Holbrookによるやりとりも参考になります。"Is the Anthropocene an Issue of Stratigraphy or Pop Culture?" *GSA Today*, October 2012.

（57）Dipesh Chakrabarty, "Postcolonial Studies and the Challenge of Climate Change," *New Literary History* 43 (2012): 25–42.

（58）Daniel Lord Smail, *On Deep History and the Brain* (Berkeley: University of California Press, 2008). この示唆に富んだ本においてダニエル・ロード・スメールが提示している命題に対しては、敬意と称賛の念を込めつつここにいくつか細かいながら有意な概念的反論を記しておきます。本作の書き出しの部分は次のようになっています。「人間（ヒューマニティー）こそが歴史における本来の主体であるという、リンナウスも推奨したであろう考えに則った場合、旧石器時代、すなわち農業への転換が起こるまで長らく続いた石器時代は、私たちの歴史の一部であるということになる」（2）。「人間」「私たち」という言葉の解釈次第では同意も反対もできる一節です。いずれも複数の意味をとりうる表現ですから。また、スメールは「自律神経系の構築を司る」遺伝子——それは「太古より存在してきた」ものでもあります——を参照しつつ、「この歴史は世界史でもある。文化ごとに異なる仕方で組み立てられ、操作され、調整されているとはいえ、すべての人間が同じ設備を共有しているからだ」とも述べています（２０１）。しかし、自律神経系の物理的な特徴は、人間だけだけでなく他の多くの動物たちとも共有されているので、ここでいう世界史は人間だけのものにはなりきれないとも言えるでしょう。こうした差異については、近日発表予定の論文にて詳しく展開しています。仮題："From World-History to Big History: Some Friendly Amendments."

（59）Dipesh Chakrabarty, "Climate and Capital: On Conjoined Histories," *Critical Inquiry* (Fall 2014): 1–23.

（60）考古学者のキャスリーン・D・モリソンによると、「かんがい農作物、特に米に基づくエリート食の成文化」は「インド南部において西暦開始後の１０００年間から」文献記録があるそうです。Kathleen D. Morrison, "The Human Face of the Land: Why the Past Matters for India's Environmental Future," NMML Occasional Paper, History and Society, New Series no. 27 (New Delhi: Nehru Memorial Museum and Library, 2013), 1–31, here 16.

（61）Jaspers, *Atom Bomb*, 218.

（62）Karl Jaspers, *Die Atombombe und die Zukunft des Menschen* (Munich: R. Piper & Co Verlag, 1958), 300.

（63）Martin Heidegger, *Being and Time*, trans. John Macquarrie & Edward Robinson (Oxford: Basil Blackwell, 1985; 初版刊行１９６２年), 173.

（64）Ibid., 175.

（65）Ibid., 172n2.

（66）Lovelock, *Ages of Gaia*, 171.

『人新世の人間の条件』に寄せて

ディペシュ・チャクラバルティ（聞き手　早川健治）

2022年4月4日　シカゴ‐ダブリン

早川健治　今回の対話を始める方法について、ここ数日間考えていました。私は哲学の訓練を受けており、あなたも哲学の作品を広く読んでおられます。ご存知のとおり、「どう思考を始めるべきか」という問いは、哲学にとって普遍的な問題です。同様に、「どう対話を始めるべきか」という問題にも多くが懸かっています。あなたは2009年に古典的論文「歴史の気候――4つのテーゼ」[*1]を発表し、今回のこのタナー講義を経て2021年には『惑星時代における歴史の気候』[*2]を刊行されてもいるわけですが、一連の仕事においてあなたは、人間的ではない領域への、すなわち惑星性への知的拡大とでも呼べる言論が、馴染み深い思考の癖によっていかに簡単に妨害されてしまうかを示しておられます。よって、あらかじめ与えられた立場から無理矢理出発するのではなく、むしろ惑星的な言論へと足を踏み入れるためにはどこからどう思考を始めれば良いのかという点について、お考えをお聞かせください。

ディペシュ・チャクラバルティ　ありがとうございます。なかなか良い提案です。私たちが思索の旅を始めるにあたって、開けた場所をどうみつけるかという問題ですね。そこで、まずは私の方法論について所感を述べさせてください。

早川　お願いします。

チャクラバルティ　そもそも、私は哲学の専門訓練を受けていません。他方で、私は思想がとても好きであり、歴史学の専門訓練を受けてもいます。よって、歴史学者の思想を支えている諸概念に圧力をかけ、これを批判し、課題を突きつけ、広がりと柔軟性をもたせていくというのが私の思考方法です。『欧州の地域化』[*3]を執筆していた頃にも、これとほぼ同様の作業を行っていました。そこでもまた歴史学の諸概念に圧力をかけたわけですが、具体的には口承性や記憶の問題など、過去の整理の仕方のオルタナティブに言及していくことで、歴史学における過去の再構築方法に課題を突きつけました。

こうした方法がもつ利点は次のように整理できるでしょう。まず、現代における学問分野はいずれも思考を可能にしつつ同時に制限するものです。哲学も例外ではありません。

＊1　Chakrabarty, D. (2009). Climate of History: Four Theses. *Critical Inquiry*, 35:2, 197–222.
＊2　Chakrabarty, D. (2021). *The Climate of History in a Planetary Age*. Chicago: University of Chicago Press.
＊3　Chakrabarty, D. (2000). *Provincializing Europe: Postcolonial Thought and Historical Difference*. Princeton, NJ: Princeton University Press.

ポール・ド・マンの言葉を借りるならば、学問分野はいずれも洞察と盲目の組み合わせです。あるいは、経済学の言い方に倣って、学問分野には必ず外部性があると言い換えても良いでしょう。経済学における価格の概念からは多くの事柄が除外されています。例えば、石炭の価格には石炭の生産における社会的コストや汚染のコストだけでなく、石炭に起因する人の死すら含まれていません。これらをすべてコストに含めた場合、石炭の価格は手の届かないものになる可能性があります。同様に、歴史学にも外部性があります。記憶はその一例ですし、口承による過去の紡ぎ合わせを挙げても良いでしょう。『欧州の地域化』を書いていた頃の私はこのような問題に関心を持っており、自分の分野である歴史学に対してもこうした角度から圧力をかけていました。

　気候危機や関連するニュースを初めて自分のこととして受け止めたのは、今世紀の初め頃のことでした。ＩＰＣＣが１９８８年に創設されていることを思えば遅いといわざるをえませんが、歴史学者はこの問題にあまり注目していなかったので、仕方がありません。いずれにしても、これが歴史学に「ニュース」として届いたとき、私は歴史学の外部性にまた一つ気がつきました――深層史（ディープ・ヒストリー）です。そこには地質学的な歴史や進化生物学的な歴史が含まれます。これらもまた歴史学であり、私が普段使い慣れていたものとは別の史料や過去の発見方法が用いられています。こうして、私は気候変動を説明する諸科学を学び始めました。そして、文献を読み進める中で、それが別の種類の歴史学であることに気がつきました。それは人間の歴史であるだけでなく、人間の歴史を考えるための条件となるような歴史でもありました。こうした問題を私は「4つのテーゼ」論文で初めて考察しましたが、これもまた自分の分野に対する新しいタイプの批判であり、気候危機の文脈で他の種類の歴史が歴史学に対して突きつけている課題をなるべく詳しく論じようと努めました。この論文は論争を巻き起こし、主に左派の学者たちから批判がありました。資本主義の歴史を参照すれば十分に説明がつくのだから、歴史学の根本概念を見直す必要はないという批判です。

早川　いわゆる資本新世の議論ですね。

チャクラバルティ　そう、資本新世の議論です。しかしながら、もし仮に資本主義の歴史だけですべてが説明できるのだとすれば、この問題には特に知的な課題がないということになります。そこが私には不満でした。そうした概念にはすでに精通していましたし、マルクス主義的な物語を紡ぐ方法もすでによくわかっていたからです。

早川　現にあなたは『欧州の地域化』においてこの問題に3つの章を費やしていますよね。

チャクラバルティ　そのとおりです。よって、もしこれが資本だけの話にすぎないとしたら、それは既知の物語ですから、新しい知的課題も特にないわけです。そもそも、仮に人為的気候変動について熱心なマルクス主義者の立場から何かを書こうとし、すべてを資本主義に還元しようとした場合でも、今回の危機を理解するためには地球システムや惑星の仕組みについて読む必要が出てきます。そのため、この類の批判には不満を抱いていました。誤解のないように付言すると、批判自体は歓迎です。批判のおかげで、自分の思考にも圧力がかかるわけですからね。ただ、この批判には同意できませんでした。こうして、批判者たちと小競り合いをする中で、私自身や私の仕事は発展を続けました。当時の人文歴史学には、気候危機を考えるためのモデルが欠けていました。２０２１年刊行の本の成果を、ある同僚は「地球システム科学人文学」と呼びました。

タナー講義は、人文思想家にとって気候変動がもつ意味を考えている最中に行われました。２０２１年の本にもタナー講義の内容の一部は反映されています。特に「時代意識」の概念は、カール・ヤスパースが元々意図した意味をおさえつつ、現代の人間の条件を考えるために変奏して応用しました。そこでは、アーレントの仕事を現代的に再活性化させるにはどのような方法があるのかという問題とも向き合いました。他方で、私はタナー講義から段々と離れ、自分の思考をその先へ発展させもしました。タナー講義が行われたのは２０１５年でしたが、その後私は地球システム科学に基づいて「惑星」の概念を練り上げ、

2019年からこれに関する仕事を発表するようになりました。タナー講義では、グローバリゼーションの「地球（グローブ）」と地球温暖化（グローバル・ウォーミング）の「地球（グローブ）」は同一ではないという言い方をし、さらに「ホモ」と「アントロポス」という2つの人間像を区別しました。「地球温暖化の「地球」とは何か」という問題に取り組んでいたわけです。ところで、地質学と生物学の組み合わせによる惑星プロセスから、5億年にわたって生命を（特に複雑な生命を）支えてきたシステムが発生したわけですが、時が経つにつれて、「地球温暖化の地球」ひいては「惑星」と私が呼んできたものは、地球システム科学において「地球システム」と呼ばれるものとほぼ同じであるということに気がつきました。こうした意味で、私にとってタナー講義は後の本への足がかりの役割を果たしました。

もう一言だけ付け加えると、諸々の学問分野の歴史において、現代は大変面白い局面です。ここ数百年の間に、ヨーロッパを始め近代化を受け入れたすべての国において、学問分野は専門化の一途を辿りました。こうして各分野は世界を細分化し、研究可能にしてゆきました。世界を区分することで研究対象を生み出したわけですが、これをヤスパースは「部署的思考」と呼びました。ところが、現代では世界に存在する幾多のものごとの相互連関が専ら問題にされています。さらに、現代の惑星規模の諸問題には近代化戦略や技術開発も関わっていますが、後者はいずれも専門知に基づいてます。世界を異なる知的体系へと区分したおかげで、人間はかつてないほどに寿命が延び、生活の質が向上し、食べ物も改善され、生物種として繁栄してきました。しかしながら、こうした区分は同時に新たな問題を生みもしました——環境問題です。こうして私たちは、世界は実は区分などされておらず、すべてが相互に連関し絡まり合っているという視点に返ってきます。現段階において各学問分野で仕事をしている人たちは、「今回の危機が自分の分野にとってもつ意味は何か」と自問すべきでしょう。そうすれば、各々の分野の孤立状態から解放されるからです。私の最近の仕事もそのような方向への一歩として位置づけられるでしょう。この危機が歴史学にとってもつ意味は何かと問うたわけですから。

早川　『惑星時代における歴史の気候』を読み進める中で、仰るような作業はまだまだ未完であり、準備段階にあるという印象を強めました。そこには否定の作業、すなわち思索のための場所を開いていく作業の進捗状況が記録されている気がします。

チャクラバルティ　まったくそのとおりです。だからこそ、私は最終章に「開けた場所」という題をつけました。人間的（アントロポロジカル）に開かれた場所と言っても良いでしょう。そういえば、親友のブルーノ・ラトゥールが以前私にこう言ったことがあります。「ディペシュ、ものごとを一掃しては駄目だよ。あるがままにしておかないと！」。それに対して、私はこう答えました。「いや、これは「場所を開く」というような能動的な意味で言っているのではなくて、「開けた場所を見つける」という受動的な意味で言っているんだ。ちょうど森に入っていって、開けた土地をみつけるようにね」。

早川　なるほど、それは合点がいきます。それに、地球システム科学や関連する諸分野の表面をなぞってさえみればすぐにわかるように、開けた場所は実はかなり広大ですよね。例えば、あなたは今まで発見された微生物種の数がいかに少ないかという例を挙げています。たしか2016年の論文だったと思いますが、科学者の集団がなかなか洗練された分析を行い、この惑星上には約1兆種類の微生物がいるということ、そしてその99・999%は未発見であるということを示していました。[*4] この地星、すなわち未だ私たちの理解が及ばないこの惑星の大きさに思いを馳せてみれば、開けた場所へ到達するのも比較的容易であるという気はします。ただし、そこで私たちには何が言えるのかという問題はなかなか手強いものです。しかもそれは必ずしも知識に関する発言にはならないでしょう。

チャクラバルティ　ええ。そもそも、微生物は生命の世界では多数派です。人間は少数派

＊4　Locey, K., & Lennon, J. T. (2016). Scaling Laws Predict Global Microbial Diversity. *Proceedings of the National Academy of Sciences of the United States of America*, 113:21, 5970–5975.

の生命体ですが、それにも関わらず生命の秩序を支配しています。よく冗談めかして言うのですが、もし仮に微生物たちが人間だった場合、それに対する私たちの知識は植民地的な知識に、すなわち誰かを支配するための知識に似たものになるでしょう。あるいは、そのときの人間の秩序は、ちょうど南アフリカにおける人種隔離政策（アパルトヘイト）のようなものになるとも言えるでしょう。そこでも少数派が多数派を支配しています。そのため、私たちは少数派的な思考から学び、これを発展させていく必要があります。進化生物学者のエドワード・O・ウィルソンは『半地球』という本を書きました。[*5] そこでウィルソンは「撤退」について、すなわちこの惑星の半分を他の生物種に残すことについて語りました。これは少数派的な思考の一環としてなかなか良いと思います。他の生命体のための場所を確保し、自分たちは少数派であるという知識に忠実に生きていくために、人間はそのような思考を発展させていくべきです。

ところで、人間は１００年から１５０年にわたって、ほぼ恒常的な経済成長を続けてきました。これは問題です。私たちの野心や執着心、人生観や希望、世代間の思考などは、すべて成長の実感と結びついています。例えば、日本を考えてみましょう。昨今ではスタグフレーションという言葉で語られる国であり、自国の資本を活用できずに、インドなどの海外諸国に資本の行き場を求めていると言われています。しかしながら、１９８０年代にさかのぼってみると、日本の資本主義は大成功しているように見えたわけであり、日本式の管理方法から世界は何を学ぶべきなのかといった論調が支配的でしたよね。それが今では、日本は中国ほどには成功できなかった国の一例として見られています。いずれにしても、世界各国の大半はこのゲームに参加しており、そして各国の人々は自分たちの未来や自分の子どもたちへの希望を、近代化と成長の歴史を介して考えています。ここに気がつけるかどうかが大切です。資本新世系の人たちは、成長へのこの願望を理解できていないと私は思います。成長すらも人間同士の社会的正義の基盤として見なし、貧困からの脱却を始め成長の正当化としてしばしば挙げられるものごとが、こうした野心を抱く人たちの目には映っているのです。

早川　あなたの本には、ネルーからのすばらしい引用節があります。たしか1949年のことだったと思いますが、ネルーはヒマラヤ山脈を仰ぎつつ、その「生命の美しさ」を称えましたが、同時にそれを資源の採掘のための千載一遇の機会としても提示し、おかげでインドはついに貧困状態から解放されるのだとも述べました。

チャクラバルティ　特に水についてそれが言えます。ヒマラヤ山脈は19本の河川の源泉で

＊5　Wilson, E. O. (2016). *Half-Earth: Our Planet's Fight for Life*. New York: Liveright.

あり、パキスタンからベトナムまで多くの国々を潤しています。ところが昨今では、皮肉にもインドと中国の間での地理的政治（ジオポリティクス）のせいで、ヒマラヤ山脈は世界で最も軍事化された山脈に変貌しました。そこではとてつもない規模の爆破が行われています。道路工事や軍事インフラ、ヘリコプター発着場や仮設滑走路等々のためであり、国境の両側でこうした動きがあります（パキスタンも若干関与しています）。現在の状況としては、先述の近代化の歴史から生まれた野心があり（この歴史からはそう簡単に離れられるものではありません）、気候の問題があり、両者の間には乖離が存在します。気候危機に付随する知的・政治的課題は次のように整理できるでしょう。まず、私たちが今までよりもさらに惑星的な存在になり、惑星全体を管理するという選択肢があります。あるいは、「撤退」をしつつも人間の正義の実現に尽力するという選択肢もあります。関連して、各学問分野や知識のシステムを再構想し、より総体的なものにし、いわば各々の外部性に対して常に目配りができているような状態にもっていくべきかという問題もあります。２０２１年の拙著は仰るとおり準備段階的な作品ですが、そこでの私の思索ではグローバルな視点への補完材料として「惑星性」があるとも言えます。異なる視点に立てば、ものごとの見え方も変わってくるものです。

早川　これまでの議論とゆるく関連する事柄として、主体性や国民国家や歴史に関する近代的な理解と、地質学や進化生物学から得られるより惑星的な視点との間の緊張関係があります。かなり具体的な例を挙げると、あなたの講義録を和訳する際に、くだんの「五語一組」にふさわしい日本語の言葉の組み合わせをどうみつけようかという課題が発生しました。すなわち、「world」、「globe」、科学用語としての大文字の「Earth」、意味が揺れ動くシュミット的な小文字の「earth」、そして「planet」です。日本語には「planet」と「world」に相当する言葉はありますが、大文字の「Earth」ですでに問題が生じます。というのも、日本語の「地球」は古英語の「erþe」から派生していないからです。そして言うまでもなく最大の課題は「globe」です。英語の「globe」は文字通り球体を表す言葉ですが、地球と球体を同時に意味する言葉は日本語には存在しません。

チャクラバルティ　実に豊かなハイデガー的問題ですね。ハイデガーが日本の伯爵（あるいは哲学者）と交わした会話が思い出されます。[*6]

早川　そうですね。とはいえ、これは私の個人的な趣味に基づく意見でもありますが、こ

＊6　ここで参照されている会話は、1954年にドイツ文学研究者の手塚富雄と交わした会話をハイデガーがフィクションとして再現したものだ。手塚と想像上の対話相手はいずれも学者だが、他にも九鬼周造への参照がある。九鬼は「いき」などの日本語に特有の言葉を考察することで、日本独特の思弁的哲学を構築しようとした。Heidegger, M. (1971) [1959]. *On the Way to Language*. Trans. Peter D. Hertz. San Francisco: Harper & Row.

うした問題を考える際にはなるべくハイデガー的な文脈には回収しないように努めています。日本語の「地球」を構成する過程では、細かい駆け引きが色々とあったからです。これは中国で生まれた言葉でして、イエズス会の神父であるマテオ・リッチによる造語です。

チャクラバルティ　ほう、リッチの造語ですか。それは知りませんでした。

早川　あくまで仮説の一つですが、たしか1584年が初出のはずです。そのときリッチは中国の天体論に影響を受けたわけですが、そこでは天を表す言葉として「globe」すなわち「球」が用いられていました。リッチはそこから「earth-globe」すなわち「地球」という言葉を造りました。

チャクラバルティ　実に面白い。これだけでも十分に面白い問題ですね。すでにご承知のとおり、私の「惑星」の概念はハイデガー批判から生まれました。ハイデガーによる近代科学の拒絶には従うべきではないと明言しつつ、私はまさにハイデガーが「哲学の役には立たない」という理由から却下したからこそ「惑星」という言葉を採用したわけです。あなたが今展開したような問題は私の本でも生じました。たしか「惑星という人文的概念」と題された章だったはずですが、そこの脚注の一つにおいて、私はとあるゼミで友人から聞いた批判に応答しました。[*7] 友人はそのとき私にこう言いました。「ハイデガーが使っている言葉をそもそもたない言語において、ハイデガー的な概念を使う方法などあるのか。これほど言語に依存した哲学思想なのに」。これに対して私はやや大ざっぱな仕方で次のように答えました。知識になりたいという願いがもし哲学にあるならば、哲学の命題を伝達する上で粗い翻訳は甘受していくしかない。そうでもしなければ、そもそもハイデガーの作品は英語圏に存在できなくなってしまうから、と。ところで、翻訳の苦労は明らかに近代化の苦労の一部であり、資本主義を獲得するための苦労や「地球の形成（グローブ・フォーメーション）」の苦労の一部でもあります。この苦労は『欧州の地域化』にも通底していますし、粗い翻訳こそ資本主義が拡大していく方法であると私はそこではっきり述べています。

早川　今のご発言をさらに発展させる形で申し上げると、日本においても翻訳は近代化の核にありました。それまでは「社会」や「自由」といった実に基礎的な言葉すら日本語にはなく、またこうした語が存在していた場合でもそれは今とはまったく異なる意味を持っ

＊7　『惑星時代における歴史の気候』第3章脚注6への言及だ。「一つ明らかにしておきたいが、大地や世界といったハイデガー用語を、本書では文献学的にではなく概念的に使用した。言い換えるならば、ハイデガーが使った言葉と完全に一致する言葉が他の言語になかったとしても、それはハイデガーの概念を理解するための能力を決定的に損ねるようなものではないという前提に立った」。

ていました。例えば、「自由」という言葉は言ってしまえば犯罪者を指す形容詞でした。

チャクラバルティ　それは驚きです。

早川　自由であるということは、すなわち……

チャクラバルティ　……非合法というわけですか。

早川　まったくそのとおりです。

チャクラバルティ　これもまた実に興味深い。そのような話は至るところに存在します。例えば、フィリピンに目を向けてみると、フィリピンの歴史学者のビセンテ・L・ラファエルは『植民地主義の契約と短縮（コントラクト）』というとても面白い本を書いています。[*8]そこでは聖書がタガログ語に翻訳されるまでの歴史と、その際に生じた幾多の齟齬が詳述されています。同じことはインドでも起こりました。サンスクリット語のダルマ（धर्म、dharma）、パーリ語ではダンマ（धम्म、dhamma）ですが、これを宗教の文脈で翻訳する際にも、それがいかに無理なことであるかを承知の上で、訳者は作業にあたっています。翻訳のぎこちなさを一旦保留にしない限り、そもそも意思疎通ができないからです。この論理は、同じ言語を使って話す2人の人間の場合へと拡張することすらできるでしょう。同じ言語の内部で誤解が生じるのも、これで説明がつくようになりますよね。例えば、私がベンガル語を使ってベンガル人の友人と話した場合、同じ言語の中にいるにも関わらず、完全に誤解される、あるいは不完全に理解されるという結果にもなりえます（笑）。言語は多元性を内包しているからです。

早川　ええ。翻訳と近代に関するこの問題は国ごとに独特の複雑さをもっており、しかも政治的な問題でもあります。他方で、ここまで来るとすでに私たちはグローバルな思考法にどっぷり浸かっている状態です。こうした条件のもとで、これほど根本的な差異があるにも関わらず、私たちは惑星的な思考法を実践しなければならないという……。

チャクラバルティ　まさしくそうです。では、そのような実践はいかにして可能なのか。ここで一つ提案があります。というのも、これは私をだいぶ悩ませてきた問題だからです。そこで、次のような角度から問題を考えてみたら良いのではないかと私は思います。つまり、

＊8　Rafael, V. L. (1988). *Contracting Colonialism: Translation and Christian Conversion in Tagalog Society Under Early Spanish Rule*. Ithaca: Cornell University Press.

世界中のどの社会集団においても、2世代ほどかけて学びさえすれば、物理学者や化学者、生物学者や地質学者が輩出されますよね。そのようなことがなぜ可能なのかという問題です。

早川　なるほど、面白い。

チャクラバルティ　そもそも人間はなぜこんなことができるのか。というのも、ヨーロッパによるインド支配の歴史は、インドの人々が地質学や物理学、化学やシェイクスピアに魅了されていく歴史でもあるわけです。いずれも世界を開示するような体験ですからね。またこのような体験には、植民地被支配者側の歴史における翻訳の飛躍が付随します。インドの科学者の中には、物理学や化学を修めた後、インドの言語で物理学史や化学史を書こうとする人たちもいます。そこでは翻訳の諸問題が怒涛のごとく押し寄せますし、造語の問題や、サンスクリット語への回帰、あるいはイスラーム系の伝統ではペルシア語やアラビア語への回帰をめぐる問題も噴出します。同時に、これはいわばハーバーマス的な、あるいはカント的な議論になりますが、筋道立てて考える力、あるいは三段論法的な思考能力は、人間に普遍的に備わっており、ある意味で言語の登場に先立っているとも思います。そうだとすると、三段論法の形をした命題と対峙したとき、たとえ翻訳の問題がそこにあったとしても、人々はそうした問題を保留にしつつ議論の三段論法的な構造に注目するでしょう。

早川　なるほど……。

チャクラバルティ　ここで私が提示しているのはハーバーマス的な主張であり、三段論法的な思考法という意味での討議能力に焦点を当てています。ここでマリノフスキの有名な話も思ってみてください。マユツバだという説もありますが、次のような話です。マリノフスキはトロブリアンド諸島に赴き、島民が耕作を（すなわち作物の生長の仕組みを）どう理解しているのかを解明しようとしていました。そこで、彼は島民に向けて「作物が育つのはなぜだと思いますか」と問いました。島民はこう答えます。「なぜって、神々の贈り物ですよ」（ここで「神々」が何を意味しているのかという問題は、とりあえず脇に置きましょう）。マリノフスキはこれを受けてさらにこう問いかけます。「では、畑で一生懸命働かないでも、作物は育つということでしょうか」。すると島民はこう言いました。「馬鹿なことを仰る。畑で働かずして作物が育つはずなどないでしょう」と（笑）。そういうことです。

ここでもまた、ハイデガーに立ち返りたいと思います。ハイデガーの主張では、手元存在と手前存在という関係性を、人間は太古の昔から他の事物との間に持ち続けてきました。別の言い方をするならば、何かが壊れた瞬間に、人は「これの仕組みは何なのか」と考えざるをえなくなるわけです。だとすると、事物の因果関係を解き明かす能力は太古より進化した能力であるということになるでしょう。そのおかげで、人間は翻訳の問題を保留にし、事物の論理的な側面を外国語で考えることができます。例えば、アインシュタインがドイツ語で一連の数理的問題を書き記したとき、インドの物理学者たちはアインシュタインの著作物を読むためにドイツ語を勉強しました。相対性理論に関する論文はドイツ語で刊行されていたからです。

早川　それは明治維新直後の日本でも同じです。東京大学にドイツ人の教授を招いて講義をしてもらい、その準備のために学生たちにドイツ語を教えたという歴史もあります。数え切れないほどの造語を使うよりも、そちらの方が簡単だったからです。

チャクラバルティ　よくわかります。同じことは、意図せざる結果であったとはいえ、イギリス占領下のインドでも起こりました。つまり、英語で授業を行ったわけです。ところで、インドにおける英語教育方法の歴史は実に面白い。シェイクスピアをインド人一世の世代に教えた人たちは、往々にして実際に物語を演じてみせました。単にテクストを読んだだけではなく、演技をつけたわけです。

早川　感情的な基盤を醸成していく必要があったわけですか。

チャクラバルティ　そうです。然るべき身体性に身を置く必要がありましたからね。これは至るところで見られる傾向です。例えば、インドの人々は、私を含め、肩をすくめません。文化が異なるからであり、そもそもインド的な仕草ではないからです。イタリア人や西洋人が肩をすくめるところは容易に想像できるでしょう。ところが、私たちも西洋の国に移住すると、肩をすくめるようになります。つまり、言語の習慣（ハビタス）に入り込み、言語が使われる身体的な文脈に身を置くと、その言語に付随する無意味な部分までもがいつのまにか習得されます。そして、例えば「Yay!」のような、指示的意味はなくともある種の共示性や響きを帯びた言葉を発するようになります。こうした部分にまで気がつくようになり、人は言語に入り込んでいくわけです。無意味な部分まで効果的に使いこなせて初めて、言語への没入は達成されます。

早川　ここからさらに2つの論点へと旋回していこうと思いますが、その前にまず、先ほどのあなたの議論のうち、翻訳や意思疎通、三段論法や因果律的思考の普遍性などに関する部分に対しては、まだ多くの疑問が残るという点を留意させてください。というのも、これらはいずれも経験的な問題であり、例えばヒトの原始の論理演算が何であるかといった問題をめぐっては多くの論争が存在するからです。一例として、チョムスキーはこれが再帰であったという思弁的な説を展開していますし、他の人たちはまた別の説を提唱しています。[*9]

チャクラバルティ　これについては合意できなくても良いでしょう。私の方としても、立証済みの現象を提示したわけではありませんし。

早川　ええ。それに、あなたの主張はより一般的な論点を説明するための手段だったという点もよくわかります。努力さえすればどのような社会でも科学者を輩出し、市民に教養をつけることができるのはなぜなのかという問題は、実に面白いものです。

チャクラバルティ　この主張に私が込めたものについて、改めて説明させてください。私が先ほどの仮説に込めたのは、深層史がもつ意味です。

早川　なるほど。

チャクラバルティ　言い換えると、ハーバーマスが「討議能力」と呼ぶものはヒトが進化によって身につけた形質であり、後に私たちが重宝するようになる文化的な諸形質が進化する以前に形成されたものであるというのが私の命題です。ちなみに、このような討議能力が類人猿などの他の動物種において見られたとしても、決して驚くには値しないと思います。

早川　ええ。ただ、そこもまたチョムスキー的な言語理論を妥当だと思うかどうかで変わってくるでしょう。例えば、意思疎通は言語が担う機能の1%にも満たないとチョムスキーは主張していますよね。

チャクラバルティ　仮にその理論が妥当だとしても、1%に満たないその部分こそが科学にとって重要であると私は思います。量的には1%以下かもしれませんが、その重要性はチョムスキーが思っている以上のものかもしれませんよ。

早川　なるほど。

＊9　Chomsky, N. & Berwick, R. C. (2015). *Why Only Us: Language and Evolution*. Cambridge, MA: MIT Press.

チャクラバルティ　とはいえ、この問題は引き続き議論が必要でしょう。

早川　そうですね。今回の対話時間の短さを思ってみると、多くの問題について引き続き議論が必要であるという気がします。

チャクラバルティ　たしかに。とはいえ、問いかけに感謝します。この議論もなかなか面白い。あなたからの反論も、自分の思考に圧力をかけつつ、より思索を深める上で役立つものです。

早川　ところで、その圧力をさらに強めても良いでしょうか。

チャクラバルティ　ええ、どうぞ。

早川　さらに2つ質問があります。まず、小さい方の質問から。人新世はいわば製作途中の概念ですよね。まだ内容が確定しているものではありません。

チャクラバルティ　そして、この先も確定することはないかもしれません。

早川　ええ。地質学の文脈でも、まだ国際層序学委員会に提出されていなかったですか。

チャクラバルティ　そうです。

早川　そうした現状も踏まえつつ、既存の諸概念に対しても完全にプラグマティックな態度をとり、主流の科学の精神を体現したとしましょう。その場合、地質学における暫定的な結果が人文学において物象化されてしまい、将来的な訂正の可能性が閉じられてしまっている危険性はどれくらいあるでしょうか。

チャクラバルティ　良い質問ですね。まさにその理由から、私はタナー講義から２０２１年の本へと歩を進める中で人新世の概念から距離を置くようになりました。

早川　なるほど、それは興味深い。

チャクラバルティ　本の題に「惑星的」という言葉を使った理由もこれです。「人新世」という言葉を用いなかったのは、人新世仮説が科学的に反駁される可能性に配慮したかったからです。他方で、「大加速」という事実、地球温暖化という事実、人間が地質営力であるということ、人間が惑星規模の営力になったということなどは反駁のしようがありませんし、人新世作業部会が集めた膨大な証拠も反駁の余地がありません。それでもなお反駁を試みるならば、科学の大半が切り捨てられてしまいますからね。人新世についてもう一点付言すると、地質学には受容こそされても正式な定義は与えられないような用語が存在します。「温室地球（ホットハウス・アース）」や「雪球地球（スノーボール・アース）」といった言葉が一例です。地質学者の中には、人新世もまた正式化せずにインフォーマルな地質学用語として定着させるべきだと論じる人たちもいます。ところで、タナー講義を行った２０１５年から、２０１９年に惑星に関する論文を発表し、２０２１年の本に至るまでの間で、私の思考も変わってゆきましたが、この点については今まで明確にしてきませんでした。正直に申し上げると、私の同僚の多くは「人新世」という言葉にかなり入れ込んでおり、私も同僚たちの仕事から多くを学んだので、この一語から自分が距離を置いているという点を高らかに宣言する気にはなれませんでした。こうして、私は「惑星的」「惑星性」という言葉に落ち着きました。よって、私はあなたの主張に全面的に賛成です。人新世という仮説が反駁される可能性はもちろんありますし、私たちは未だに完新世の境界を突破していないという結論が出るかもしれませんが、仮にそうだとしてもなお、人間の数や人間による消費活動、科学技術やこの惑星の地層に残る証拠を始め、地球システムの変化を示唆する一連の事項に関する経験的主張は変わらず残るでしょう。

早川　今仰った点は非常に重要だと思います。こうしたテーマについて議論する際、特にそれが学際的に行われる場合は、常に念頭に置くべきご指摘です。

チャクラバルティ　あなたのおかげで明言する勇気を得たとも言えます。今まではここではっきり言う勇気がありませんでしたから。

早川　そうですか（笑）。

チャクラバルティ　こうした発言を躊躇していました。というのも、昨今の人文学においては、多くの分野であまりにも安易に論争が勃発します。こうして、インフォーマルな派閥が形成されます。実を言うと、私は人文学における安易で過剰な政治化が好きではありません。政治化は思考の停止や凍結につながると思うからです。それでもなお、たとえ本人がそれを拒んだとしても、周りがその人を派閥に押し込めようとします。「人新世」という言葉をめぐって丹念な仕事をしている同僚も私の周りにはいます。人文学において地球システム科学のための場所をなんとか確保しようとし、「人新世」という言葉に多くを懸けるようになったわけです。惑星性に焦点を移しつつ、「人新世」という言葉を題に入れないことで、私はこの言葉から慎重に距離を置きました。「人新世の時間」に関する章こそ含まれていますが、他方で訂正の可能性も残したという点で、私は自分の作品を擁護できると思っています。

早川 今仰ったことのおかげで、あなたの思考の軌跡がより明確になった気がします。また、タナー講義を読む際にも、それをある問題に対するあなたの立場表明として読むのではなく、むしろあなたに多くの学びを与えてくれた言葉、それにも関わらず今述べられた理由から完全には賛成できない言葉へのオマージュとして読むという可能性も明らかになりました。

ところで、言語や多様性、そして統一性に関する先ほどの議論にも関係する問いですが、はたして惑星性に対する人間の姿勢を他の動物種たちはどう評価するでしょうか。私はワタリガラスやアフリカゾウやザトウクジラと人間が対話をする短いテクストを書いたこともあります。もちろん、経験的な意味で対面しつつ会話をすることは無理ですし、「クジラ翻訳」のようないわゆる動物語翻訳計画には多くの問題があると思います――うまくく根拠がまったく不十分だと思うからです。他方で、惑星的に考えるということは、すなわち人間以外の領域と何らかのつながりを作るということでもあるでしょう。そこで、言語を通じて異なる文化同士をつなぐという先ほどの議論を拡張する方法はあるでしょうか。

他の惑星存在と相互に結びつくために、こうした考え方を広げていく道はありますか。

チャクラバルティ　優れた論点です。この問題については私も筆をとりました。『一つの惑星、複数の世界』（*One Planet, Many Worlds*）という近日刊行予定の本です。論文集ですが、2021年の作品における仕事を引き継いでいる部分もあります。『惑星時代の歴史の気候』の続編だと言っても良いでしょう。ここでもまた、この問題について私は自分の考えを発展させることができました。2021年の本では、ラトゥールやハラウェイなどに従いつつ、「事物の議会」という考え方に立脚しました。そこでは生物同士の絡まり合いを、すなわちリン・マーギュリスが「生命集合体（ホロビオント）」と呼んだ、[*10]あなたや私のような生きる共同体を土台とする政治が示唆されています。例えば、あなたは早川さんであるだけでなく、同時にあなたの微生物叢でもあります。私もまた然りです。しかしながら、後に私は立場を変え、政治の本筋は地方的かつ地域的な意味で人間に属すると考えるようになりました。これもまた将来的に変わるかもしれませんが、現時点ではこれが私の立場です。言い換えると、たしかに私たちは地球という惑星や人間という生物種、そしてそこに付随する様々な絡まり合いに関する知識を取り入れつつ政治思想を変えていくべきですが、解決策として議会

＊10　Margulis, L. (1991). Symbiogenesis and Symbionticism. *Symbiosis as a Source of Evolutionary Innovation: Speciation and Morphogenesis*. Eds. Lynn Margulis & René Fester. Cambridge, MA: MIT Press. 1–14.

を用いることはできません。まず、仮に支持運動モデルに則った場合、例えばクジラの意見を代弁する支持者という人たちが出てくるわけで、それは政治理論的には恒常的な議会野党の結成を意味します。また、このときの代表の形式は、ちょうど弁護士や医師が一般人を代表する場合のそれに相当します。

早川　ウシを演壇に上げるわけにもいきませんからね。

チャクラバルティ　そのとおりです。よって、代表民主制は成立しません。第二に、支持運動という形式を微生物に適用するわけにはいきません。そもそも、その存在すら解明されていない微生物もたくさんいます。第三に、これは人間の歴史の偶然でもありますが、昨今の微生物は専ら捕食者です。コロナウイルスの場合のように、微生物に対して人間はしばしば戦争状態にあります。ラトゥールは「環境に対する戦争に人間が勝利することはできない」と言い、外交の必要性を説きました。私もこれには賛成ですが、さらに一言付け加えたいと思います。すなわち、これは一方的な外交であり、そこには人間による撤退の必要性もあります。外交的な形での撤退は、人間の利益のために必要なことです。

　これからも人間の政治性は存続すべきだと思いますが、このとき微生物やその他の生命体について新たにわかってきていることを継続的に学び、考慮に入れていくべきです。人間の目に見えないものごとや、この惑星で人間が生息していない圏域（深海やそこで起こっている現象、シベリアの永久凍土、氷河など）については特にそうです。こうしたものたちの健全なあり方に私たちはどう寄与していけば良いでしょうか。惑星性をめぐる人間の政治はまさにこうした問題に細心の注意を払うでしょう。他方で、事物の議会という考え、すなわち絡まり合いの中から政治的主体を形成しようという考えは、今の私には無理筋に思えてなりません。政治性は人間に固有の特徴なのです。

早川　私も今のご意見には深く共感します。それだけでなく、むしろこの文脈では「政治性」という言葉がもつ意味を問い直していく必要性も生じている気がします。

チャクラバルティ　まったくそうです。

早川　具体的には、こうも言えるかもしれません。まず、私たちは他の人たちを「代表」するとき、そもそもその人たちの大半に発言の機会を認めていません。これはランシエールが丹念に考察した問題ですが、代表の過程において多くの人間や人間以外の存在が排除されていくような、特別な感性と美学（エステティック）がそこにあります。さらに一歩踏み込んでみましょう。カール・サフィーナというなかなかすてきな書き手がいるのですが、サフィーナの『野性になる』はお読みになりましたか。[*11]

チャクラバルティ　聞いたことはあります。

早川　サフィーナはそこで、動物にも文化があるという考えを展開しています。ここでいう「文化」は比喩ではなく、世代から世代へと受け継がれ、淘汰を引き起こすような情報の所有という、厳密な定義をもつ用語です。

チャクラバルティ　なるほど。人間においても重宝されるものですね。

早川　そうです。この議論においては、日本からの実例も登場します。カラスが進化し、幹線道路の上に栗を落とすようになった。その後、車が走ってきて……

チャクラバルティ　……栗を割るわけですか。

早川　そうです。そして、その栗をカラスたちが食べます。これを習得すればこの地域でも生存していけるようになるので、ある特定の種類のカラスが進化することになります。

チャクラバルティ　なかなか利口な鳥たちですね。

早川　似たような報告は数百数千と存在します。

チャクラバルティ　お話を聞いていると、カラスにも何らかの因果律的な思考法か、少なくとも相関性を考慮できるような思考法が備わっているという気がしてきます。

早川　そうですね。因果律に留まらず、これはそもそも……なんというか、「ハイデガー的」とは言いたくないですが、栗を割る機会のアフォーダンスとして道路を見ているとも言えるでしょう。

チャクラバルティ　道路が手元存在になるわけですか。ハンマーと同じですね。実に興味深い。

＊11　Safina, C. (2020). *Becoming Wild: How Animal Cultures Raise Families, Create Beauty, and Achieve Peace*. New York: Henry Holt & Co.

早川　人間のハンマーよりも先進的ですよ、自動化されていますから。つまり、車が走ってきて、代わりに仕事をしてくれるわけです。さて、もし動物の文化に関するこの理解が正しい場合、他の動物種の文化にどう敬意を払うべきかという類の問題が多数発生します。例えば、太平洋を横断していくクジラたちがいますね。数千キロメートルにも及ぶ壮大な移動経路があります。そして、個人や親族関係を識別するための複雑なコーダ体系を有してもいます。あるいは、ゾウを例にとってみても良いでしょう。アフリカゾウは絶滅の危機に瀕しており、保護される必要があります。撤退によってあるがままにさせておいた場合、アフリカゾウは然るべき仕方で存在するでしょう。対して、国立公園に閉じ込めて「保全」した場合、アフリカゾウは操作可能なものとして存在するでしょう。両者はまったく異なる存在の仕方です。哲学的な角度から考えてみると、アフリカゾウという生物種は保護できていても、このゾウからは何かが永遠に失われたのだとも言えるでしょう。

チャクラバルティ　まったくです。全面的に賛成します。同僚のマーサ・ヌスバウムが『正義のフロンティア』という、力強い論理展開に基づく作品を書いていますが[*12]、そこではアリストテレスの「タウマゼイン」（θαυμάζειν、驚き）に基づく主張が提示されています。私はこれに対して批判的ですが、それでも興味深い主張ではあります。ヌスバウムいわく、私たちにはトラを動物園で保護する義務があるが、このときトラの攻撃性は守られるべきではあるものの、人間の庇護のもとで他の動物たちを殺させるわけにはいかないため、ゴムボールか何かを攻撃させておくべきとのことです。[*13] 何と言うか、これは攻撃性の抽象ではないかと……

早川　たしかに。

＊12　Nussbaum, M. (2006). *Frontiers of Justice: Disability, Nationality, Species Membership*. Cambridge: Harvard University Press.（マーサ・ヌスバウム『正義のフロンティア――障碍者・外国人・動物という境界を越えて』神島裕子訳、法政大学出版局、２０１２年）

＊13　「小動物を殺す潜在能力は、この定義に則すならば無価値だ。そのため、これは基本的な政治原理に従って排除され、場合によっては抑制されるべきだろう。他方で、捕食者としての本性の発露、すなわち我慢からくる苦痛の回避は、特にそのような苦痛の度合いが大きかった場合は、価値をもつ可能性も十分にある。動物園関係者はこのような区別の付け方をよく学んできた。捕食動物に捕食者としての本性の発露を十分にさせていないことに気がついた後、動物園関係者たちはこのような潜在能力の発露を許したときの小動物への危害という問題に向き合う必要があった。トラに美味しいガゼルを食べさせても良いものだろうか。ブロンクス動物園は、ロープにつながれた大きなボールをトラに与えるのが良いということを発見した。ボールの反発と重みがガゼルを再現していたからだ。トラはそれに満足しているようだ。捕食者の家庭動物（特にネコ）を飼っている人たちには馴染みがある作戦だろう。（人間の暮らしにおいても、競争的なスポーツはおそらく似たような役割を担っている）。捕食者動物が人間から直接に世話を受け管理されている場合には、このような解決策が最も倫理的に理にかなっていると思われる」（*Frontiers of Justice*, 370–371, 引用節は早川訳）。

チャクラバルティ　……それは世界の手元存在からの抽象でしょう。動物の生活において仕事と遊びの区別があまりにもはっきりとつけられてしまうため、これはダメだと私は思います。

早川　フーコー的でもあるように思います。ただトラらしくあるがために、トラが規律訓練と処罰を受けてしまうという。

チャクラバルティ　処罰とまでは言いませんが、トラの仕事が遊びに変換されてしまっていますよね。いずれにしても、ヌスバウムがなんとなく挙げたこの案が私には気がかりでした。そこからタウマゼインの概念を改めて吟味してみると、どうもそれは現代において動物を考える上では不適切な概念ではないかと思えてきます。

早川　保全研究の文献においても、(人間を含む) 動物たちを個人として尊重するのか、それとも生物種として尊重するのかという議論があります。もし生物種を保全したい場合は、生物種の存続に支障がない範囲で個人を好きなように扱って良いということにもなり、反対に個人の繁栄を尊重する場合は生物種が絶滅へ向かう場合もあるというわけです。これはなかなか面白い議論です。

チャクラバルティ　『動物の解放』におけるピーター・シンガーの議論を彷彿とさせますね。[*14] 本書でシンガーは、彼の見地からはたしかに正しいが、しかし既存の文脈では実に奇怪な主張をしています——木は切り倒されても何も感じないから、それについて何か言う資格は私にはないという主張です。功利主義に染まりきった議論で、そこでは残虐行為を予測して苦しむ能力を対象の生物が有しているかどうかが問題になっています。たしかに、彼の論理に従えば正しい主張ですが、惑星環境危機に照らし合わせてみると、それがいかに限定的なアプローチであるかがはっきりするでしょう。

早川　そうですね。それに、過度に還元主義的でもあります。私が哲学に対して批判的である理由もここにあります。諸科学における複雑性や未知の領域に対して、哲学はあまりにも還元主義的だからです。

チャクラバルティ　これこそまさにピーター・シンガーの思想の「外部性」だと言って良いでしょう。

＊14　Singer, P. (1975). *Animal Liberation: A New Ethics for Our Treatment of Animals*. New York: Harper Collins.（ピーター・シンガー『動物の解放』戸田清訳、技術と人間、１９８８年）

早川　ええ。

チャクラバルティ　シンガーにとってはもはや考える必要がないことですから。

早川　そもそも哲学者は、何かについて考えなくても良いように相手を説得するのが得意ですよね。皮肉なことですが。今のお話から、今度は時代意識の概念へ立ち返ってみましょうか。というのも、あなたは先ほどこの概念の有用性に言及しました。しかし、時代意識とはそもそも残余なき意識でしょうか。言い換えるならば、時代意識は外部性がないものとして想定されているのでしょうか。それとも、時代意識においてすらも何か重要なものが排除されるのだとお考えですか。

チャクラバルティ　なるほど、なかなか面白い質問です。まず、ヤスパースは「部署的思考ではないもの」という風に、時代意識を否定的な形で定義しました。部署的思考に抗うことで、総体的な思考に到達できるだろうという希望があったからです。あなたの批判はあえて答えずに据え置きましょう。ヤスパース的な努力は実際に成功したのかという、とても重要な問題を考えるきっかけになるからです。色々な意味で失敗している可能性もありますからね。まだ私もこれに関しては考えがまとまっていませんが、重要な問いかけであることには変わりありません。私にとってこの概念が魅力的だった理由は、そこから開けてくる可能性にありました。ヤスパースのおかげで、諸科学の読解から一定量の事実と論理に基づく視点を紡ぎ出し、それを相反する政党に提示して、「政治の場でどう振舞うかはあなた方の自由ですが、この視点は受け入れてください」と言えるようになります。つまり、惑星的視点を受け入れたとして、そこから地球工学という道へ進む人もいるでしょうし、エドワード・O・ウィルソン的な意味での撤退を選ぶ人もいるでしょう。しかし、どちらの場合でも、惑星的視点を受け入れるまではそもそも対策に乗り出すことすら不可能ですよね。その意味で、ヤスパースはこれを「政治に先立つもの」と呼びました。それは政治を拒むという意味ではなく、政治に反対しているわけでもありません。ただ、政治の前にこの視点が来るわけです。

2021年の本を、私はいわば政治に先立つ演習として書きました。それによってグローバルな視点と惑星的な視点をそれぞれ発展させたかったからです。しかし、周りの人たちは「ほら、彼はマルクス主義に懐疑的だ」「彼は科学に権威を与えすぎている」という風にして、私を特定の派閥に押し込もうとしました。私はどの派閥にも入らないように気をつけましたが、残念ながら人文学はあまりにも分極化・政治化されてしまっています。派閥に入らない人が許せないわけです。しかし、派閥に入ってしまっては、自分の思考が制限され束縛されてしまうと私は感じていました。特定の考え方や対象が、思索を始める前から禁止されるようなものだからです。それが私は嫌でした。

早川　健全なアプローチだと思います。とはいえ、あなたほどの発言力をもつ歴史学者ですら、何か新しいことを書くためにはそのような圧力に抵抗しなければいけないというのは驚くべきことです。

時間もなくなってきましたし、まとめに入りましょうか。私は本日アイルランドからお話させていただいているわけですが、ジェイムズ・ジョイスは国際的にも有名な作家ですよね。ジョイスの『フィネガンズ・ウェイク』はもったいぶった作品であり、読解不能なテクストだとよく言われます。これを読んで理解したと言っている人たちは単に虚勢を張っているだけであり、自分を良くみせるためだけにそうしている等々という具合に批判は続きます。しかし、私に言わせれば『ウェイク』は人間のみならず惑星上のすべてのものたちを一つの物語に収斂させるような表現方法を模索した、とても稀有な作品です。例えば、書き出しの数段落においては、神話的人物であるトリストラムが「ノース・アルモリカ」から「凹(おう)ぎす地峡(ちきょう)」を渡って「ヨーロッパ・マイナー」まで「孤軍筆戦(こぐんひっせん)せんと」やってきます。[*15]「孤軍筆戦せんと」は原文ではwielderfight his penisolate warであり、ここには臓器への参照もあります。この一文には、実はアイルランド島の形成の歴史が隠されています。島の北西部は現代の北アメリカ〔当時のローレンシア大陸〕から、島の南東部は現代のアフリカ辺り〔当時のゴンドワナ大陸、ヨーロッパを含む〕からそれぞれ来ており、その間にはたしかに地峡があったからです。この2つの大陸が一緒になってアイルランドが形成され、その過程がトリストラムという神話的人物像を基点に語られています。それはまた、あなたがタゴールについて述べたこととも響き合う内容です。タゴールは自分が昔は木であったということや、今の自分は声をもつ木であるということを誇らしく思っていたそうですね。[*16]

チャクラバルティ　ええ。

早川　さらに一歩踏み込んだ上で質問をさせてください。この類の語り口では、人間のために語られる物語が一方にあります。人間というあり方を超えようと努力しつつも、人間の読み手に向けて語られているという点では未だにやや人間中心的な物語です。他方で、

＊15　Joyce, J. (2000). *Finnegans Wake*. London: Penguin.（ジェイムズ・ジョイス『フィネガンズ・ウェイクⅠ・Ⅱ』柳瀬尚紀訳、河出書房新社、１９９１年）

＊16　Thakur [Tagore], R. (1961). *Rabindra-Rachanabali [Collected Works of Rabindranath], Volume 11*. Calcutta: Government of West Bengal. 74.

こうした物語には、無批判かつ無自覚に人間中心的なテクストと自らとの間に明確な区別をつけようという努力も含まれています。歴史学の文脈で、私たちはこうした緊張関係とどう付き合ってゆけばよいものでしょうか。

チャクラバルティ　まさにそれこそ、今あなたが『フィネガンズ・ウェイク』を参照しつつ語ってみせた話や、タゴールの人生の一場面である話に通底するものでしょう。タゴールは木に関する発言をしたとき、多くの批判を受けました。「あなたの言わんとすることが理解できません」「神秘主義にも聞こえます」といった声があがりました。しかしながら、この類の宇宙思想は、神話の形をとるものを含め、現代における惑星的思考の前身であるとも思います。言い換えるならば、地球システム科学から私が抽出した惑星的思考は宇宙思想の科学版にすぎず、その亜種はコペルニクス的転回の頃からずっと存在し続けてきました。タゴールもジェームス・ジーンズや当時の生物学の著作物を読んでいましたし、私も気候変動に関する一般向けの科学書を読んでいます。宇宙思想と惑星的思考の諸形態の間には、深いつながりが、すなわち深い歴史的つながりがあると思います。そこには反復と変化の問題も潜んでいますね。ジェームズ・ラブロックが「ガイア」という直感的なアイデアを発案した瞬間が、地球システム思想の最初期の契機として認識されているのもこれで納得できるでしょう。ラブロックは「地球システム科学」という言葉が好きではありませんでした。あまりにも無味乾燥で、詩的な響きがなさすぎると感じていたからです。ガイアの発見は、ラブロックにとって顕示(エピファニー)にも似た瞬間でした。顕示の瞬間からはとてつもない洞察が出てくる場合もありますし、それが顕示とはほど遠い形で通常の科学へと発展していくこともあります。詩的宇宙思想が科学的想像力を牽引し駆動することが往々にしてある理由もこれです。その意味でも、スノー的な2つの文化の分離は私たちの思考にとってお荷物でしかありません。

早川　あっという間の1時間でしたね。

チャクラバルティ　ありがとうございます。とても楽しい時間でした。

訳者あとがき

人類による地球環境の変動と、それが生物たちの日々の営みに対してもつ影響や含意を考える上で、本書は人文学と科学をまたぐ学際的な思索へ読者を招待している。チャクラバルティがヤスパースを引きつつ述べているように、こうした思索は様々な問題に対する解決策を提示するわけではなく、むしろ解決へ至る道筋が見えない状態で問題そのものを根気強く吟味するよう要請してくる。

ロビン・コリングウッドは『哲学の方法について』において、混沌の時代における思想のあり方について次のように述べた。[*1]

現代において、哲学は混乱の真っ只中にある。現代の思想家たちは互いの考えを容易に受け容れられず、場合によっては理解すらできずにすれ違う。その根本的な原因は、一つの方法をかれらが共有できておらず、また互いの方法がどう違うのかも正確に把握できずにいる点である。もっとも、伝統的な方法が既に廃れてきていること、そのため各々が自分の考え出した方法を用いて良いと感じていることだけは明らかだ。もちろん、このような現状は、何か新しいものが生まれる前兆としてはとても自然なものだ。しかしこれがあまりにも長続きしてしまっては、建設的な議論の代わりにやるせなさと怠惰とがはびこり、来るべき新しい運動は結実する前に腐ってしまうだろう。

欧米や日本を含む多くの国々において、人新世をめぐる一般的な議論はまさにこのような「混乱の真っ只中」にある。地質学や地球科学など、議論の核となるべき諸分野の知見が広く共有されないまま、多くの評論家や思想家が各々の嗜好を作品化し、読者はそこから各々の好みにあった思想的商品を買って消費している。哲学のシミュラークルのようなこの状態から脱し、科学的知見や関連する事実を共有した上で惑星時代の「時代意識」を考えるにあたって、チャクラバルティの本作品は有用な出発点を与えてくれる。以下ではそのような建設的な営みへの補助線として、基礎的な事実や訳語の背景、そして惑星的な思考を広げるための手がかりとなりうるモチーフをいくつか概観したい。

＊1　Collingwood, R. (2008) [1933]. *An Essay on Philosophical Method*. Eds. James Connelly & Giuseppina D'Oro. Oxford: Oxford University Press.（ロビン・コリングウッド『哲学の方法について』早川健治訳、ＫＤＰ、２０１４年）

人新世とは

地質年代は、国際地質科学連合（ＩＵＧＳ）およびその傘下にある国際層序学委員会（ＩＣＳ）によって決定される。現在の地質年代である完新世は、１８６７年に発案され、１８８５年にボローニャの国際地質学会議に提出されたが、ＩＵＧＳがこれを正式に承認したのは２００８年のことだった。ここからもわかるように、地質年代の定義と承認には膨大な科学的労力が必要となる。

人新世は人類による活動が共時的に地球規模の痕跡を残し、層序学的に地質営力として認められるような地質年代の名称だ。[*2] この「痕跡」の具体的な候補としては、人工鉱物、ブロイラーチキンの骨、生物種の大量絶滅の痕跡、そして放射能汚染などの年代的な証拠や、大気や水中の二酸化炭素濃度の劇的な変化のような気候的な証拠がある。２０２２年7月現在、ＩＣＳの下部組織である人新世作業部会（ＷＧＡ）はこうした証拠を集めつつ人新世の定義の最終決定へ向かっており、これは２０２２年12月に完了されＩＣＳへ提出される予定となっている。

本書所収の対談でチャクラバルティが述べているように、人新世という概念はまだ初期的な段階にあり、地質学的な成否が確定するまでにはかなりの時間がかかると思われる。

現時点では1950年頃が人新世の開始年として有力視されているが、これが定義に組み込まれ、ICSおよびIUGSによって承認される保証はない。以上から、人新世を既成概念として仮定する議論は出発点からすでに誤っていると言えるだろう。

他方で、WGAの仕事からは人類の現在の状況を考える上で有用な証拠が多く得られた。いわゆる「大加速」グラフと呼ばれる地球規模のデータ群には、人口、実質GDP、海外直接投資、都市人口、一次エネルギー使用量、肥料消費量、大型ダムの数、水の使用量、紙の製造量、自動車の台数、電話利用契約者数、そして国際観光者数という社会経済的な指標と、大気中の二酸化炭素、亜酸化窒素、そしてメタンの濃度、成層圏オゾン層の喪失率、地球の表面温度の変動、海洋酸化、海洋生物の捕獲量、エビの養殖量、沿岸地域への窒素の流入量、熱帯雨林の喪失率、開拓地の割合、そして陸上生物種の減少率という地球システム的な指標が含まれる。[*3]（図1）

チャクラバルティが強調するように、特に人文学ではむしろこちらの証拠に重点を置いたほうが建設的な議論ができるだろう。理由は2つある。第一に、仮に人新世が正式な地質年代として認められなかったとしても、一連の指標が示す大加速は人文学の諸分野にお

＊2　Thomas, J. A., Ed. (2022). *Altered Earth: Getting the Anthropocene Right*. Cambridge: Cambridge University Press.
＊3　Steffen, W., Broadgate, W., Deutsch L., et al. (2015). The Trajectory of the Anthropocene: The Great Acceleration. *The Anthropocene Review*, 2(1), 81–98.

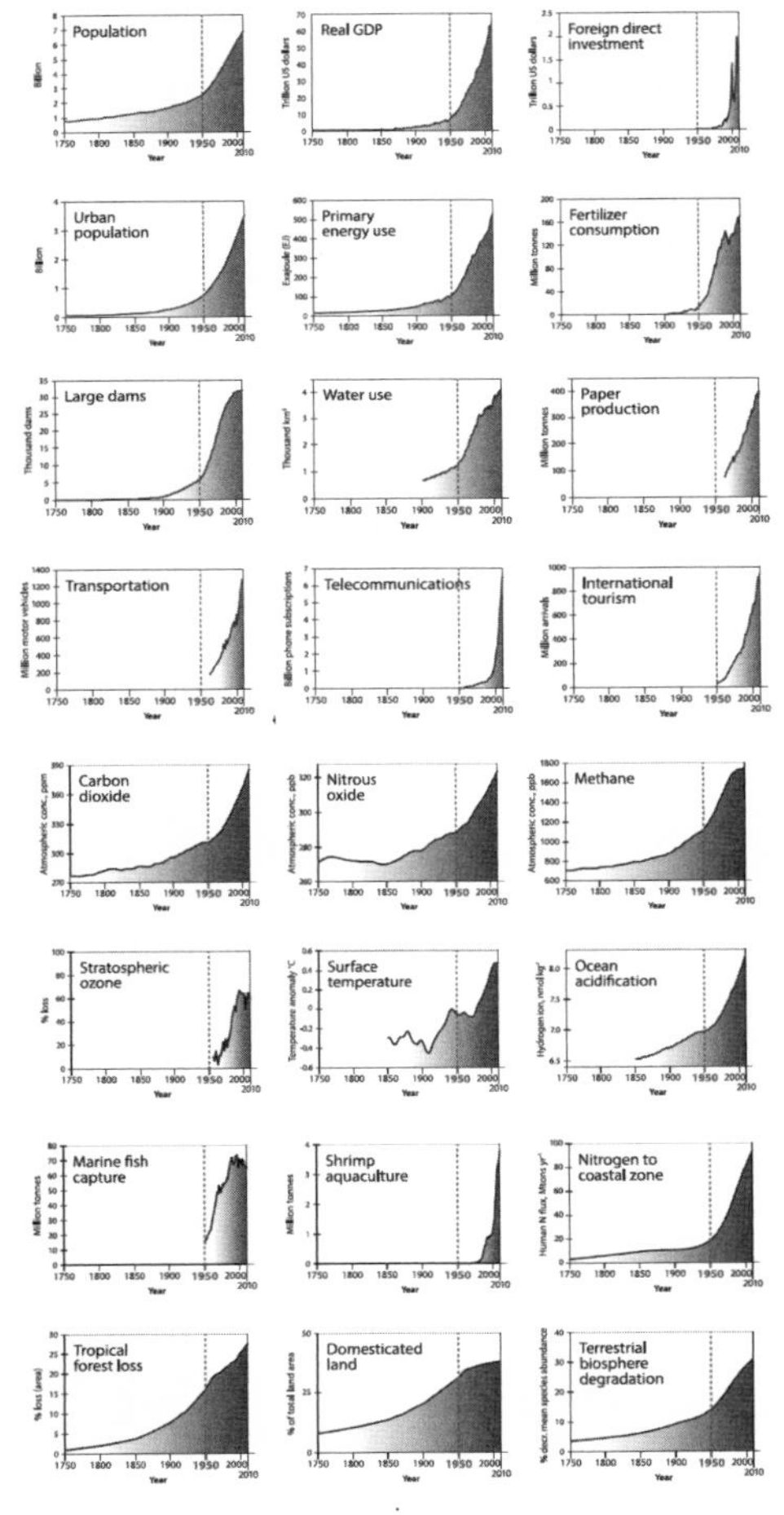
Population
Real GDP
Foreign direct investment
Urban population
Primary energy use
Fertilizer consumption
Large dams
Water use
Paper production
Transportation
Telecommunications
International tourism
Carbon dioxide
Nitrous oxide
Methane
Stratospheric ozone
Surface temperature
Ocean acidification
Marine fish capture
Shrimp aquaculture
Nitrogen to coastal zone
Tropical forest loss
Domesticated land
Terrestrial biosphere degradation

図1「大加速」グラフ

いて分析されるべき現象だ。第二に、仮に人類がすでに地質営力として層序学的な痕跡を地質記録に残しているとしても、人間社会が決定論的ではないシステムである場合（あるいは人間に何らかの形で自由意志がある場合）、その時間規模や性質は本質的に未定だ。大加速グラフが示す傾向に人間社会はどう応じることができ、実際にどの選択肢をとるべきなのかという問題は、地質学における人新世の議論とはある程度独立して考察できるだろう。

Earthの和訳

チャクラバルティは議論を展開するにあたって、英語の5つの言葉「planet」「Earth」「earth」「globe」「world」の間での細かい区別を最大限活用している。対して、日本語では「惑星」（planet）、「大地」（earth）、「世界」（world）の3語にのみ適当な訳語があり、Earthとglobeの区別をすっきりと表現できるような訳語がない。ある意味で「地球」にはEarthとglobeの両方がすでに含まれているとも言えるため、この両義性を生かした和訳も当然考えられた。他方で、英語のEarthにおいては、人類を育む大地を意味する言葉が天体の名前として定着した。そこには、Earthが数ある惑星のうちの一つであると同時に、人類にとってかけがえのない唯一の住処としての大地でもあるという語義上の緊張が含まれている。この緊張はチャクラバルティの議論だけでなく、本文中で参照されているシュミットやハイデガーの思想にとっても重要な構成要素となっている。日本語でもこの緊張を表現するために、本書ではEarthを「地星（ちせい）」という造語で訳出し、球体としての「地球」と区別した。この選択の根拠を説明するために、日本の天文学史に目を向けてみたい。

日本の天文学は鎖国を挟んで中国と西洋の2つの潮流からの影響によって形成されてきた。[*4] 現代の天文学では、名前は主に中国思想から、概念は主に西洋思想からそれぞれとられている場合が多い。天体の名前に関しても、水金火木土の5つの惑星の名前は中国の五行思想における五星の名称から借用されており、「日月五星（じつげつごせい）」といった言い回しは明治時代に入ってからも使われていた。[*5] 地球という名前は、イエズス会のマテオ・リッチが1584年に中国で西洋天文学を広めるために作成した世界地図『山海輿地全図』において、terraの訳語として編み出した造語だ（ちなみに『山海輿地全図』の原本は現存していない）。（図2）

なお、「地球」という造語は当時の中国天文思想における天球からの類推であるという説もあるが、[*6] 渾天説や蓋天説などの主流思想はいずれも地球平面説を採用しているため、地球球体説の用語terraの翻訳語源としては必ずしもふさわしくない。むしろ平面ではなく球体であるという幾何学的な特徴を表現する上で「球」という漢字が適当だったという簡素な解釈が妥当であると思われる。いずれにしても、球体説の啓蒙という目的を考慮すると、ここで登場する「地球」という一語にはterraやEarthに内在する緊張がなく、初めからglobeというニュアンスが備わっていたと言えるだろう。

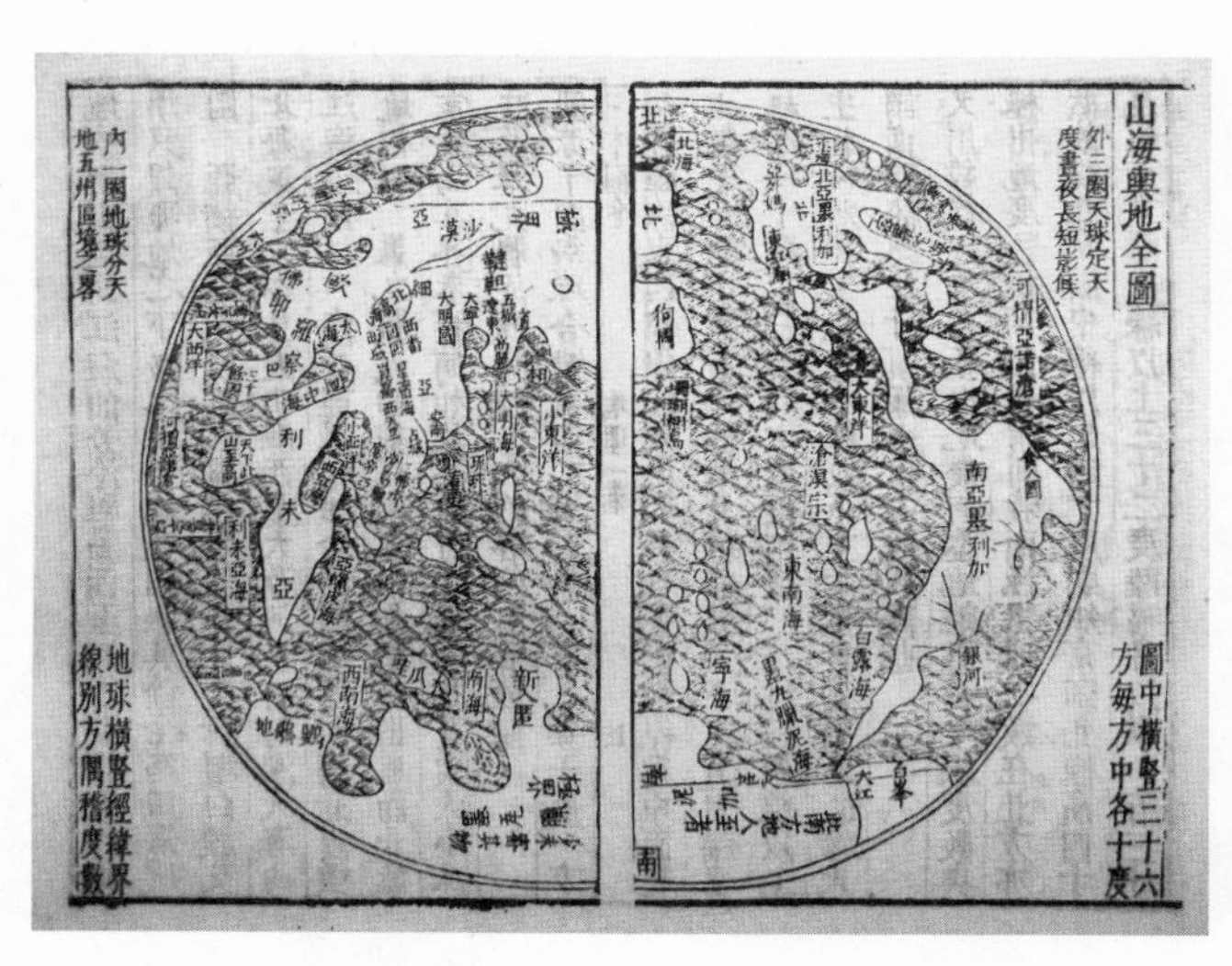

図２　『山海輿地全図』　ブリティッシュ・コロンビア大学所蔵

以上から、Earthがもつ緊張を日本語で再現するためには一工夫が必要となる。ところで、中国の五行思想における五星と西洋天文学における「惑星」の概念との間にはほとんど共通点がない。五星では各惑星に特有の意味が付与されているのに対して、天文学における水金火木土には人間の運命を決定するような意味は一切ないからだ。この差異は大きい。というのも、「球」ではなく「星」を採用することで、terraやEarthがコペルニクス以前から持っていたある種の唯一性を、この差異を根拠に中国語経由で日本語でも表現できるようになるからだ。また他方では、天文学の惑星の名前に使われたという側面において、水星、金星等々の言葉には「数ある惑星の一つ」というニュアンスがある程度備わっているとも言える。さらに、元々は五星と明確に区別され「天」と対を成す概念でもある「地」を「星」と合成することで、先述の唯一性と「数あるうちの一つ」という含意との間の緊張を日本語でも表現できるようになる。ただし、英語のEarthが天文学の専門用語として定着しているのに対して、「地星」は当然ながら科学的専門用語ではなく、この先も「地球」を代替することはないだろう。これは地星という訳語がもつ大きな欠陥ではあるが、本節で述べた根拠を加味すれば、欠陥を補って余りある有効性があると判断した。

共通性(コモン)を表現する

本書でチャクラバルティは京都議定書の「共通かつ差異ある責任」という文言の「共通」という言葉を、異なる状況に置かれている人たちが共に人新世の研究に付随する様々な証拠を時代意識として共有するという意味に解釈している。

英語圏だけでなく現代日本の文脈でもまた、このような時代意識の形成にはいくつかの課題や条件が付随する。中でも次の2つの条件は特筆に価するだろう。第一に、チャクラバルティも指摘しているように、共通性の構成は人文学と科学の境界をまたぐ学際的な作業となる。一般読者のみならず、人文学や科学の専門家さえも、自分の専門分野の外にある言説に関しては素人であるため、然るべき専門家の声に注意深く耳を傾けつつ、資料の誤読や誤解を避けてなるべく正確な理解を達成できるように尽力すべきだ。他方で、不完全で暫定的な理解すらも難しいような分野や文献に関しては、潔く自らの限界を認めて専

＊4　Nakayama, S. (1969). *A History of Japanese Astronomy: Chinese Background and Western Impact*. Cambridge, MA: Harvard University Press.
＊5　吉野政治（2012）「〈惑星〉を意味する語の変遷」『同志社女子大学学術研究年報』第63巻、144(47)–139(52).
＊6　小関武史（2004）「明治の日本が作り出した新しい言語」『一橋法学』第3巻3号、1001–1012.

門家に判断を委ねる姿勢も大切だ。第二に、人新世的な時代意識を作る際には、それが物語に還元されないように注意をする必要がある。ことに地球環境破壊や気候危機に関しては、議論の対象となる時空間がとても大きくとられる場合が多く、大きな物語へと人々の意識が動員されやすいと言える。しかし、例えば2022年4月に発表されたIPCCの第三作業部会報告書にも繰り返し明記されているように、気候危機への適切な対処方法は個々の地域や共同体によって異なる。[*7] 他方で、地域や個人の特異性だけを強調し、地球規模での共通認識の必要性を否定するような姿勢も同じくらい不毛だ。つまり、グローバルなものへの抵抗を含む小さな物語への動員も、それが証拠に基づかない思い込みや偏見の強化につながってしまう恐れがある場合は、大きな物語と同様に避ける必要がある。

さて、ヤスパースやハイデガーのような20世紀前半のドイツ哲学者たちの仕事を基調とした本書のアプローチに、訳者である私は必ずしも賛成できるわけではない。学問分野としての哲学では、特に近代以降は自然や歴史が実に貧しい形でしか表象されてこなかったからだ。チャクラバルティは『欧州の地域化』においてマルクス的な資本主義批判の盲点であるサバルタンな「歴史2」を論じることで物語への抵抗の方針を提示し、[*8]『惑星時代における歴史の気候』においては2016年のロヒト・ベムラの自殺メモに書かれた「星屑」という言葉から惑星気候危機とインドのカースト制度のつながりを人間の身体の問題として学際的に考察した。[*9] 本書の前後で刊行された他著におけるこうした論考の方が、ドイツ哲学への参照よりもはるかに豊かな思索の出発点になるだろう。後者のような思索様式の延長線上で、以下では惑星時代の表現や思想の手がかりとなるような仕事をいくつか断片的に紹介してみたい。

既述のとおり、ＷＧＡは人新世のマーカー候補としてブロイラーチキンを挙げている。物質量でみた場合、ブロイラーチキンは地球上のその他のすべての鳥類の総量をもしのぐからだ。鶏肉や鶏卵の生産のために量産され「消費」された後、その骨は埋立地へと運ばれ、大量の化石として地層に残るだろうと言われている。ブロイラーチキンは野生のニワトリと比較して格段に骨格が大きく、さらに品種改良による遺伝子操作のおかげで筋肉の成長を制御する遺伝子が「オフ」になっているため、自然界では到底生存できないような肥大した身体をもっている。養鶏場や屠殺場の悲惨な実態を示す写真や映像はいまや広く知られており、またこうした実態を覆い隠し消費者に安心を与えるためにブロイラーチキ

＊7　Intergovernmental Panel on Climate Change [IPCC]. (2022). *Summary for Policymakers. Climate Change 2022: Mitigation of Climate Change. Working Group III contribution to the Sixth Assessment Report of the Intergovernmental Panel on Climate Change.* Eds. Priyadarshi R. Shukla, Jim Skea, Raphael Slade, et al. Cambridge University Press. 参考資料：https://www.ipcc.ch/report/ar6/wg3/about/how-to-cite-this-report/

＊8　Chakrabarty, D. (2000). *Provincializing Europe: Postcolonial Thought and Historical Difference.* Princeton, NJ: Princeton University Press.

＊9　Chakrabarty, D. (2021). *The Climate of History in a Planetary Age.* Chicago: University of Chicago Press.

ンの生活環境や末路を美化した広告も広く流通している。しかし、鶏肉と鶏卵の大量生産・大量消費・大量廃棄が地質年代のマーカーになるということの含意を実感として理解するためには、こうした写真や映像（あるいはそれらを参照する文章）とは異なる表現が求められていると言える。この文脈で、カトリーナ・ファン・グラウの仕事は価値がある。2018年の著作『不自然淘汰』において、ファン・グラウは自然選択説を参照しつつ、人類によって造られた生物種たちの精密なスケッチを多く行っている。[*10]（図3）

鉛筆の線は一人の人間がみたものの記録であり、対象の内面化の作業の痕跡だ。写真ではなく精密なスケッチという表現形式を選んだことで、ファン・グラウはブロイラーチキンという悲劇的な存在と向き合い感情的につながるための機会を観るものに与えてくれている。

ところで、本書にはピーター・ハフの「技術圏」という概念が紹介されているが、地質学的な時空間規模における技術を考える上で、シンシア・バーネットが『海の音』で考察しているペルーのチャビン・デ・ワンタルは示唆に富んでいる。[*11]これは紀元前1200年から200年にかけて栄えたチャビン文明の神殿遺跡であり、考古学者たちは発掘を進める中で遺跡全体が様々な音響効果を狙って設計されていたことを明らかにした。バーネットいわく、ちょうど『オズの不思議な魔法使い』に登場するオズの声のように、チャビン・デ・ワンタルの内部には法螺貝から放たれた音が増幅され轟いていた。神殿全体がいわば

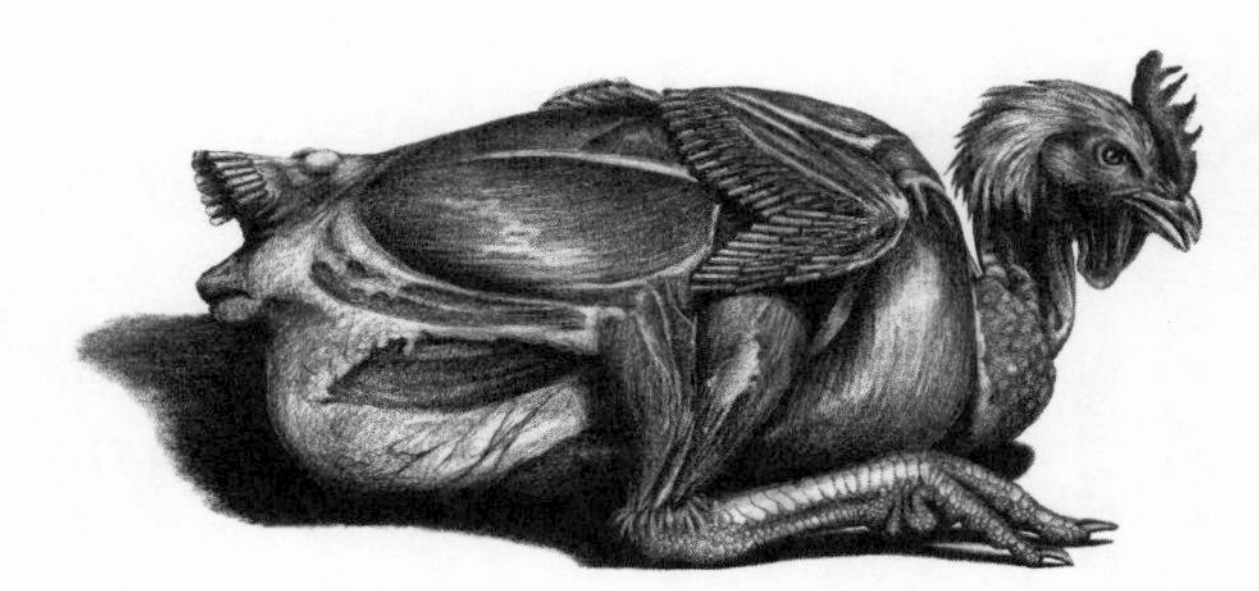

Unnatural Seleceion, 2018, p.170-1 © Katrina Van Grouw

Unnatural Seleceion, 2018, p.68 © Katrina Van Grouw

図3 カトリーナ・ファン・グラウによるスケッチ

一つの巨大な法螺貝のような構造をしてもいたため、そこでは人間の息吹が自然界から採集された貝殻を通じて人工的な巨大な貝殻へと吹き込まれ、神聖な意味を帯びた音、あるいは「笑う神」の笑い声となって鳴り響いていた。ペルー国立人類学・考古学・歴史学博物館長のルイース・G・ルンブレラスによると、この神殿は神託者たちの権力の強化と維持に役立ち、法螺貝の音は神託の一部として豪雨や大嵐（現代の理解ではエルニーニョ現象）を呼び寄せたり防いだりする不思議な力を持つと信じられていた可能性がある。いずれにしても、チャビン・デ・ワンタルは神殿全体の物理的な構造のおかげで音響技術と神話的世界観とを同時に体現している。また、場合によっては人間が介入しなくともひとりでにある程度音が鳴る可能性もあるため、人間中心主義を脱して物質的な現実に共通性（コモン）の意味を見出そうとするチャクラバルティ的な惑星性にも通じるものがそこにはある。

関連して、惑星時代における人間活動の伝達の問題にも言及しておきたい。有名なところでは、地質学的な時間規模（二酸化炭素の温暖化効果の持続期間や、ウラン238の半減期など）で将来世代に何かを伝えるにはどのような記号を用いれば良いのかという問題が、例えばノルウェーにある使用済み核燃料最終処分場「オンカロ」の管理の文脈などで議論されている。あるいは、この規模にこそ匹敵しないものの、数千年から数万年という期間で機能が持続する「長い今の時計」（The Clock of the Long Now）が「Long Now財団」によって建造されている。さらに同財団は、今世紀末までに世界の言語の50%から90%が消滅する見込みであるという専門家の見解を受けて、世界に現存するすべての言語を記録保存する「ロゼッタ・プロジェクト」も進めている。

こうした伝達の試みの最たる例としては、クリスチャン・ブックが行っている現代詩プロジェクト「Xenotext」が挙げられる。[*12] これはDNAのヌクレオチド13組を英語のアルファベットの2文字13組と対応させ、後者の組を使って2編1組の詩を書き、これを微生物のDNA配列に再び埋め込もうという計画だ。微生物には「デイノコッカス・ラディオデュランス」（以下DR）という、既知の生物種の中で最も放射線への耐性が高く、宇宙空間における極端に過酷な環境においても生き延びられると思われる生物種が採用された。詩の作成のためにはアルファベット2文字13組のパターンの中から詩の創作に使えそうな組み合わせをコンピューター・プログラムによって調べ上げ、8兆パターンほどある組み合わせから最適なものが一つ発見された。現在、詩の創作は終わり、これをDRに埋め込む段階が進行中だ。人類が滅び地球が消滅した後も生存できるような不滅の微生物に埋め込む詩が英語の文字列や単語という実に限定的な表現手段を使っているという落差は滑稽さが否めないが、人間による表現を宇宙の一部として残そうという意志の現われとしては現

＊10　Van Grouw, K. (2018). *Unnatural Selection*. Oxford: Princeton University Press.
＊11　Barnett, C. (2021). *The Sound of the Sea: Seashells and the Fate of the Oceans*. New York: W. W. Norton.
＊12　Bök, C. (2015). *The Xenotext, Book 1*. Toronto, ON: Coach House Books.

代世界において最先端の試みだ。

惑星時代の公共性

本文および対談で、チャクラバルティはエドワード・O・ウィルソンを参照しつつ、地球の半分を人間以外の生物種に残すための「撤退」を推奨している。人類がもし共時的かつ惑星規模の物質的影響をもつ存在になってきているとするならば、ウィルソン的な撤退論は人新世的な展望に対する抵抗運動（レジスタンス）としても解釈できる。そこには、人間中心的な既存の公共性の概念とは別の公共性が芽を出してもいるだろう。具体的には、地球上の他の存在を人間のための一方的な従属物としてみなすのではなく、人間から独立し、また人間に対して独自の視点や関係をもつ存在として理解する必然性がそこに生じている。このような公共性を以下では「惑星的公共性」と呼んでみたい。

気候科学の実際の活動においては、地球の様々な生物圏が往々にして単なる物理的な媒体として、すなわち他の生物の住処としてではなく人間の技術力行使のための単なる材料として扱われてきた。例えば、ナオミ・オレスケスは『使命を背負った科学』において、アメリカの海洋学研究者たちが「海洋気候の音響温度測定」（Acoustic Thermometry of Ocean Climate、通称ＡＴＯＣ）の実施計画を練った際に、ＡＴＯＣの海洋生物への影響が当初は一切考慮されておらず、専門家や一般市民から指摘があった後もずさんな形でしか評価や対策がされなかったという史実を詳細に論証している。[*13] 地球の平均温度の測定という人間にとって有用な事業に注力する一方で、海を住処とする人間以外の生物種たちの存在は研究者たちの視界にまったく入っていなかった。研究分野のちがいが生み出したこの視野狭窄は、ヤスパースのいう「部署的思考」がもつ問題を示す好例だ。

惑星的公共性を構想するためには、地球を他の生物たちを含む広い公共空間として捉える必要があるだろう。そのためには、他の生物たちを自律的な存在として扱いつつ、一つの生物種の内部や異なる生物種間における複雑な生を、理性と想像力を使って考えるべきだ。この文脈で、特に近年の認知動物学における人間以外の生物たちの文化の研究は参考になる。日本におけるサル学[*14]や海外におけるチンパンジー研究[*15]は一般的にも広く知られているが、人間中心主義から脱するためには一部の霊長類に留まらずさらに興味関心を他の生物たちへ広げてゆきたいところだ。例えば、ハル・ホワイトヘッドとルーク・レンデルは長年の観察から得られた記録に基づき、クジラたちがコーダを駆使して個人や共同体を

＊13　Oreskes, N. (2021). *Science on a Mission: How Military Funding Shaped What We Do and Don't Know about the Ocean*. Chicago: University of Chicago Press.
＊14　河合雅雄（1965）『ニホンザルの生態』河出書房新社
＊15　Goodall, J. (1971). *In the Shadow of Man*. London: Collins.（ジェーン・グドール『森の隣人――チンパンジーと私』河合雅雄訳、平凡社、１９７３年）

特定するメカニズムを明らかにし、さらに遺伝分析と数理モデルを観察記録と組み合わせていくつかの「遺伝子文化共進化」仮説を立てた。[*16] シンシア・モスは、ケニアのアンボセリにおける長期観察データに基づき、ゾウたちの家族関係を詳細に解明し、家族同士が旅の道中で遭遇した際に行われる「歓待の儀式」などを描写した。[*17] 似たような研究は鳥類を対象としても行われている。ジョン・マーズロフとトニー・エンジェルは世界各地からカラスの観察記録を収集し、カラスたちが生息地ごとに独特の行動を習得しているという仮説を例証しつつ、カラスの家族や共同体の内部において高度な視覚的情報伝達が行われていることを示唆する実験結果なども発表した。[*18] カール・サフィーナはペルーのタンボパタ国立保護区に生きるコンゴウインコを観察し、地元の研究者たちから多くの情報を得ながら、歌の継承のみならず、道具の使用や求愛行動や天敵に対する威嚇行動、また集団で粘土を舐める際の複雑な習俗規範など、多角的な文化生活を描写した。[*19]

一連の研究において共通しているのは、他の生物たちを個人として認識し観察する姿勢だ。例えば、タンボパタでサフィーナを導いた研究者のドン・ブライトスミスは、鳴き声のちがいを聞き分けるだけで個々のインコを特定できていた。シンシア・モスも、アンボセリにおいて数百頭のゾウたちの名前をすべて記憶していた。研究結果もさることながら、こうした姿勢そのものからも学べることは多い。人間対人間以外という粗雑な区別や、動物という安易な括りがもたらす視野狭窄を回避しつつ、惑星的公共性を考えるために有効なものの見方がそこからは醸成されうるからだ。

対談においてチャクラバルティも指摘しているように、以上のような姿勢は人間中心主義的なアニミズムへの回帰を意味しない。例えば、スーザン・シマードはベイマツなどが生い茂るカナダのブリティッシュ・コロンビアの森林を長く観察し、樹木同士が「会話をしている」という仮説を立て、樹木にも知性の存在を認めるべきだと主張した。[*20] シマードなどの仕事からインスピレーションを受けつつ、リチャード・パワーズは人間たちの世代間の変遷を樹木の視点から描く小説を書いた。[*21] こうした試みはいずれも、人間が自分の経験を表現するために用いている言葉を他の生物たちの「経験」を描写するために使用している。しかし、人間とほぼまったく解剖学的特徴を共有していない生物を自律的な存在として理解する際には、人間的な経験や能力の安易な投影は考察の妨げになる。むしろ、エド・

＊16　Whitehead, H., & Rendell, L. (2014). *The Cultural Lives of Whales and Dolphins*. Chicago: University of Chicago Press.

＊17　Moss, C. (1988). *Elephant Memories: Thirteen Years in the Life of an Elephant Family*. Chicago: University of Chicago Press.

＊18　Marzluff, J., & Angell, T. (2012). *Gifts of the Crow: How Perception, Emotion, and Thought Allow Smart Birds to Behave Like Humans*. New York: Atria Books.

＊19　Safina, C. (2020). *Becoming Wild: How Animal Cultures Raise Families, Create Beauty, and Achieve Peace*. New York: Henry Holt & Co.

＊20　Simard, S. (2021). *Finding the Mother Tree: Discovering the Wisdom of the Forest*. New York: Knopf Doubleday.

＊21　Powers, R. (2018). *The Overstory*. New York: W. W. Norton.

ヨンが説得的に論じているように、生物の世界には実に多様な生体構造があるため、ある生物種の感覚世界を知りたければ、まずはその生物種の感覚器官やそれに関連する形質をていねいに解明していく必要がある。[*22] ヨンはそうした解剖学的知見に依拠しつつ想像力豊かな分析を展開しているが、そこでは人間の経験の単なる投影などよりもはるかに混沌として興味深い感覚世界の存在が示唆されている。それを表現するためには、パワーズの小説のような文体ではなく、むしろ人間にはほぼ読解不可能な言語、例えばジェイムズ・ジョイスの『フィネガンズ・ウェイク』のような文体の方が優れていると思われる。

　歴史の記録を見る限り、人類の大半は自分たちの住処を無の虚空に浮かぶ球体としては認識しておらず、むしろヒトを含むあらゆる生物たちを育む母なる大地として理解していた。この理解を裏付ける考古学的な証拠として、１９９９年にドイツのミッテルベルグ山間地から出土された「ネブラ天穹盤」は示唆に富んでいる。この天穹盤には太陽と月に加えプレアデス星団を含む32個の星が表象されており、欧州北部における天体観測の記録としては現時点で最古のものであるとされている。[*23]（図４）

　天穹盤の意味や用途に関してはまだ専門家たちによる解明が進められている最中だが、農業のための暦の更新などが有力な仮説として検討されている。いずれにしても、あくまで人間の視点から人間のために天体を表象しているという意味で、ネブラ天穹盤はチャクラバルティの言う「人間中心主義（ホモセントリズム）」の象徴とするにふさわしい。同時に、ネブラ天穹盤に

図 4　ネブラ天穹盤

は目で見たもの、すなわち実感として体験したものをそのまま対象の真相として受け入れようという態度が結晶されているようにも見える。そこには、高度な理論や批判的な思考によって実感や直感を一度深く疑うという作業が欠けている。昨今の人文学における気候危機や環境破壊の考察のうち、現代版のネブラ天穹盤を複製しているだけの仕事はどれくらいあるだろうか。そのような仕事の範囲内では成立しないような思考にも足を踏み入れるにあたって、チャクラバルティによる本書が読者の皆様にとってその一歩目を踏み出すきっかけになれば幸いだ。

2022年7月　早川健治

＊22 Yong, E. (2022). *An Immense World: How Animal Senses Reveal the Hidden Realms Around Us*. New York: Random House.

＊23 少数派ではあるが、鉄器時代のものであると主張する研究者もいる。しかし、ネブラ天穹盤研究の専門家たちの間では、鉄器時代説は証拠に乏しく、総合的に見るとやはり青銅器時代説が最有力であるという見方が一般的だ。参考文献：Gebhard, R. & Krause, R. (2020). Critical Comments on the Find Complex of the So-Called Nebra Sky Disk. Trans. Emily Schalk. *Archäologische Informationen*, 43, 325–346.; Pernicka, E., Adam, J., Borg, G., et al. (2020). Why the Nebra Sky Disk Dates to the Early Bronze Age: An Overview of Interdisciplinary Results. *Archeologia Austriaca*, 104, 89–112.

ディペシュ・チャクラバルティ（Dipesh Chakrabarty）

1948年インド生まれの歴史学者。シカゴ大学教授。専門は歴史学方法論、ポストコロニアル理論、サバルタン研究、南アジア史など。ベンガル地方の労働史の研究から出発し、1980年にはサバルタン研究の最重要組織であるSubaltern Studiesをラナジット・グハらと共同創設した。その後2000年には主著*Provincializing Europe*を発表。西洋を起源とする歴史学のカテゴリーを西洋以外の文脈へと開いていくための道を模索し、歴史学の方法論に大きな影響を与えた。2021年発表の最新作*The Climate of History in a Planetary Age*では、人文学者が人為的な地球環境改変とどう向き合っていくべきかという問題を丹念に探究した。トインビー賞、タゴール賞など受賞多数。

早川健治（はやかわ・けんじ）

ダブリン在住の翻訳家。哲学修士。CplとGoogleで人材あっ旋担当者として働いた後、独立して現職。和訳にチョムスキー＆ポーリン『気候危機とグローバル・グリーンニューディール』（2021）、バルファキス『世界牛魔人』（2021、いずれも那須里山舎）など、英訳に多和田葉子『Opium for Ovid』（Stereoeditions）。一般向け配信番組「フィネガンズ・ウェイクを読む」主催者。公式ウェブサイト：kenjihayakawa.com

人新世の人間の条件

2023年2月5日 初版

著　者　ディペシュ・チャクラバルティ

訳　者　早川健治

装　丁　川名 潤

発行者　株式会社晶文社

東京都千代田区神田神保町1-11　〒101-0051
電話　03-3518-4940（代表）・4942（編集）
URL http://www.shobunsha.co.jp

印刷・製本　ベクトル印刷株式会社

ISBN978-4-7949-7333-7 Printed in Japan